MITTELLAND - BÜCHEREI 3

Der Garten meiner Kindheit liegt in der Altmark, einer Gegend,
die sich an Schönheit nicht auszeichnet,
wenigstens wird das von Leuten behauptet,
die keinen Sinn für die stille Schönheit der Mark haben.

Bertha von Kröcher,
Aus dem Garten meiner Kindheit,
1916

Horst Scholke

Stille Schönheit

Romanische Feldsteinkirchen in der Altmark

dr. ziethen verlag
oschersleben

Die Deutsche Bibliothek - CIP-Einheitsaufnahme

Scholke, Horst:
Stille Schönheit : Romanische Feldsteinkirchen in der Altmark
/ Horst Scholke. - Oschersleben : Ziethen, 1993
(Mittelland-Bücherei ; 3)
ISBN 3-928703-16-1
NE: HST; GT

Friedrichstraße 15a
Telefon & Telefax (03949) 4396
1993
Satz & Layout: DR. ZIETHEN VERLAG
Druck: CUNO- DRUCK- CALBE
ISBN: 3-928703-16-1
Gedruckt auf umweltfreundlich chlorfrei gebleichtem Papier.

ALTMARK

Schildartig stößt die Altmark als nördlichster Teil Sachsen - Anhalts in die norddeutsche Tiefebene hinein. Sie ist keine in sich abgeschlossene Landschaft, die sich durch irgendwelche besonderen Merkmale von der norddeutschen Tiefebene abhebt. Selbst in ihrer Oberflächenstruktur und Bodenfruchtbarkeit ist sie nicht einheitlich. Ausdehnung und Name sind historischen Ursprungs.

Ihre natürlichste Grenze bildet im Osten die Elbe, andeutungsweise im Süden und Südwesten die Ohre, vergeblich suchen wir sie im Westen und Nordwesten, wo sie von jeher eine politische ist, die einmal bestimmt wurde durch die Ausdehnung des Kreises Salzwedel, zum anderen durch den Grenzverlauf zwischen Niedersachsen und Brandenburg, danach zwischen Niedersachsen und der Provinz Sachsen, schließlich als "Mauer" zwischen Ost und West, nun als Trennung zwischen Niedersachsen und Sachsen-Anhalt. Vier Kreise bestimmten in der Vergangenheit den territorialen Umfang der Altmark: Salzwedel, Gardelegen, Stendal und Osterburg. Zur DDR-Zeit wurden sie zugunsten der hinzugekommenen Kreise Kalbe, Klötze, Tangerhütte, Seehausen verkleinert. Bis auf den Kreis Klötze wurden sie aber wieder den ursprünglichen Kreisen zugeordnet. Sicherlich werden bei der anstehenden Gebietsreform erneut Änderungen erfolgen.

Hervorgegangen ist die Altmark - erstmals 1304 so genannt - aus der Nordmark, die schon Karl der Große abgesteckt hatte. Sie umfaßte damals auch die Prignitz und Teile der späteren Mark Brandenburg, Gebiete also, die noch nicht fest dem Karolingischen Reich einverleibt waren, sondern in denen noch "heidnische" Slawen wohnten. Vollends in die Geschichte eingetreten ist die Altmark erst zur Zeit der Ottonen.

Die Landschaft und der Boden der Altmark sind - wie die norddeutsche Tiefebene überhaupt - das Ergebnis der diluvialen Eiszeit (vor ca. 10 000 - 20 000 Jahren). Sie hinterließ eine Grundmoräne, die den größten Teil der Altmark einnimmt, lediglich der Süd- und Südwestrand trägt Endmoränencharakter - Hügel, Kuppen und Senken. Leichte Tiefen, flache Hügel, ebene Weiten bestimmen die Grundmoränenlandschaft. Ihr Boden besteht aus Geschiebemergel, der arm an Geschieben ist und sich aus großen und kleinen Steinen, vermischt mit Sand und Kalk, zusammensetzt. Noch heute finden wir an den Rändern der weiten Felder große Steinhaufen, die von den Bauern angehäuft werden, um die Felder einigermaßen sauber zu halten. Immer wieder gelangen neue Steine beim Pflügen an die Oberfläche. Schier unendlich scheint der Vorrat an festen Granitsteinen zu sein, die das Eis aus Skandinavien herangeschleppt hatte. Heute liegen sie nutzlos da. Im Mittelalter waren sie ein dankbares Baumaterial.

Ergebnis der Eiszeit sind drei unterschiedliche Landschaften: 1. die Wische (Schwemmland westlich der Elbe), 2. die Grundmoränenlandschaft als Höhe und die Endmoräne als Geest (Heide). Die Höhe selbst gliedert sich in Wald- (kalkgründiger oder sandiger Boden) und Ackergebiete (Sand mit Lehm vermischt). In den humusreichen Flußniederungen liegen Äcker, Weiden und Wiesen. 42,7 Prozent des altmärkischen Bodens sind Lehm- und Tonböden und sandige Lehm- und lehmige Sandböden. Mit 45 Prozent wird reiner Sandboden angegeben, davon fallen allein auf den alten Kreis Gardelegen 64,8 Prozent (Wald). Ich bin auf die Landschaft und Bodenbeschaffenheit deshalb etwas ausführlicher eingegangen, weil sie für die Besiedlung und spätere feudale Kolonisationstätigkeit wichtig ist. (1)

Besiedelung

Im 5. Jahrhundert räumten germanische Stämme große Gebiete der ehemaligen Nordmark und slawische Stämme rückten nach. Slawische Ortsnamen begegnen uns um den Arendsee, am Oberlauf der Jeetze und im Drömling bedeutend häufiger als im östlichen Teil der Altmark, zwischen Biese und Elbe. Schulz (2) verglich die Ortsnamen mit den archäologischen Funden. Dabei mußte er feststellen, daß die Funde slawischer Keramik bedeutend dürftiger sind als die Anzahl der Ortsnamen. Beim Vergleich der Gewässernamen stellt man ebenfalls eine Konzentration slawischer Namen im Westteil (Jeetze, Ritze und Purnitz) und germanischer im Ostteil (Milde, Biese, Aland und Tanger) der Altmark fest. Ebenso verhält es sich mit den Flurnamen. Die Bezeichnung “Balsamgau” für das Gebiet der Altmark, das zum Halberstädter Sprengel gehörte, war slawisch und wurde eingedeutscht. Sie kommt schon im 10. Jahrhundert vor. Im Westen und Nordwesten der Altmark weisen die Dörfer mit slawischen Ortsnamen die Form eines Rundlings, einer Zeile oder eines kleinen Straßendorfes auf. An den Gewässern sind Straßendörfer häufiger, Rundlinge dagegen liegen auf Anhöhen in den Niederungen. Hier ist auch die Hufenzahl (10-20) geringer als in der östlichen Altmark (30-40). Der Abstand der Dörfer zueinander ist mit ca. 3 km relativ gleich. Im mittleren und östlichen Teil dominieren Straßendörfer mit Gewannflur. Sie liegen größtenteils auf der Höhe. Im Raum um den Arendsee fällt eine Übergangsform vom Straßendorf zum Angerdorf auf, obwohl Anger- und Haufendörfer deutsche Anlagen sind, hier aber slawische Ortsnamen überwiegen. Echte Angerdörfer sind Kläden und Badingen westlich von Stendal. Kleine Dörfer sind häufiger als große. In der Wische dominiert das Reihen- und Marschhufendorf. Die Orte der mittleren und östlichen Altmark sind mit den rechtselbischen vergleichbar. Auffällig sind die vielen slawischen Familien- bzw. Personennamen in Urkunden des 12. - 14. Jahrhunderts. Andererseits tragen mehrere Dörfer deutsche Namen, obwohl Slawen in ihnen wohnten. Deutsche und Slawen siedelten in der Altmark nebeneinander. (3)

Interesse erweckte der altmärkische Raum sicherlich schon in karolingischer Zeit. Karl der Große hatte die Sachsen besiegt und war bis an die Elbe vorgedrungen. Er gründete das ostfälische Bistum Halberstadt, in das er auch einen Teil der Nordmark einbezog. - den "Balsamgau" zwischen Elbe und Milde-Biese-Aland. Westlich davon missionierte das Bistum Verden, aber bei weitem nicht mit der Intensität der Halberstädter Bischöfe. Die Ursachen für die unterschiedlichen Aktivitäten bzw. Erfolge liegen sicherlich in der unterschiedlichen Bevölkerung der Altmark. In die westliche Altmark konnten ungehinderter Slawen aus dem Wendland siedeln als im östlichen Teil, wo die Elbe und die noch nicht urbar gemachte Wische natürliche Hindernisse bildeten. Hinzu kam, daß die deutschen Siedler die fruchtbareren Gegenden in der mittleren und östlichen Altmark bevorzugten und darin später von Albrecht dem Bären gefördert wurden.

Es ist nicht unwahrscheinlich, daß schon in karolingischer Zeit die Elbe gegen die Slawen mit Befestigungsanlagen einigermaßen gesichert wurde. Tangermünde und Arneburg könnten solche Orte gewesen sein, obwohl die schriftlichen Quellen darüber schweigen. Dagegen war schon 929 Walsleben östlich von Osterburg als Burg nachrichtlich bezeugt. In diesem Jahr wurde diese Burg durch die Redarier zerstört, bald danach aber wieder aufgebaut. Zwischen Walsleben und Elbe liegt die damals noch sumpfige Wische als natürliches Hindernis - so glaubte man zumindest bis 983. In diesem Jahr erfolgte ein Slawensturm, der alles Deutsch - Sächsische und damit auch das junge Christentum in diesen Gegenden vernichtete. Erst Albrecht der Bär sicherte mit eiserner Faust und einer klugen Kolonisierungspolitik zumindest den mittleren und östlichen Teil der Altmark als Ausgangspunkt für seine Eroberungspolitik östlich der Elbe, der späteren Mark Brandenburg. Er schloß in der zweiten Hälfte des 12. Jahrhunderts die Besiedlung mit Deutschen und Holländern ab. In dieser Zeit waren die Gebiete um Salzwedel teilweise noch heidnisch. Zahlreiche slawische Dörfer wurden wüst, da, wie Schulz (4) vermutet, die Slawen in deutsche Dörfer abwanderten, ebenso aber wurden slawische Siedlungen in "deutsch-rechtliche" umgewandelt - ohne Verlust des Ortsnamen. Aber slawische Dörfer trugen auch deutsche Ortsnamen. Es kann sein, daß sie zu einer Zeit entstanden waren, als das gesamte Gebiet bereits von den Deutschen kolonisiert war.

Deutsche Siedler drangen von Südwesten aus Niedersachsen und von Süden aus Ostfalen, also der Harzgegend, in die Altmark ein. Beide trafen sich in der mittleren und östlichen Altmark. Dieser Zustrom dauerte seit dem 10. Jahrhundert an. Im 12. Jahrhundert kamen die holländischen Deichbauern hinzu, die sich der Urbarmachung der übrig gebliebenen Wische annahmen.

Christianisierung

Mit der deutschen Siedlungsbewegung ging auch die schrittweise und zähe Christianisierung der Slawen einher, die sich noch im 12. Jahrhundert gegen die Annahme der neuen Religion zur Wehr gesetzt hatten, weil sie von ihnen mit Unterdrückung und Hörigkeit gleichgesetzt wurde. Heidentum und Christentum sind ja gleichzeitig zu begreifen als Gentilverfassung und Feudalismus. Die Annahme des christlichen Glaubens war gleichbedeutend mit der Eingliederung in die feudale Gesellschaft. Das bisherige Leben in einer stammes-demokratischen Gesellschaft sollte zugunsten eines zentralisierten Systems unter Verlust der persönlichen Freiheit der Bauern aufgegeben werden. Es scheint also nicht nur um einen Religionswechsel gegangen zu sein, sondern vor allem auch um die Einbindung in eine feudalistische Ideologie, die den Slawen nicht gerade fremd war, aber ihrem gesellschaftlichen Entwicklungsstand nicht entsprach. Erst die Anerkenung besserer Produktionsmöglichkeiten führte allmählich zur Annahme eines anderen Glaubens. Auch wird dabei ebenso die Generationsfrage eine gewichtige Rolle gespielt haben wie die permanente Gegenwart des Christentums mit ihren Kirchenburgen in der Nachbarschaft und im eigenen Dorf, und nicht zu vergessen ist die natürliche Vermischung beider ethnischer Gruppen zu den "Altmärkern". Die Institution Kirche - vor allem mit ihren Klöstern - war ein Machtinstrument der herrschenden Feudalschicht, die die Siedler rief, ansiedelte, förderte, um sie danach umso intensiver wieder rupfen zu können. Es kommt deshalb nicht von ungefähr, daß in diesem Christianisierungsprozeß die slawischen Stammesoberhäupter zuerst ihre alte Religion ablegten, da sie den Vorteil der neuen durchaus erkannt hatten, ebenso wie die Bauern die Nachteile sahen. So haben slawische Bauern wiederholt ihre zum Christentum übergetretenen Stammesfürsten verjagt oder gar getötet.

Unter Otto I. wurde der Kampf gegen die Wenden energisch geführt, da Gebietserweiterungen nur noch nach Osten und Norden möglich waren, also die Eroberung slawischer Gebiete. Im Norden kämpfte Hermann Billung, an der mittleren Elbe Gero. Eroberte Gebiete wurden Dienstmannen übergeben, die die Grenze sichern sollten. Die gegründeten Burgwarde (Burg mit größerem Einzugsgebiet) wurden zu zwei Marken zusammengefaßt. Hermann Billung stand der nördlichen vor, Gero der mittleren, die später geteilt wurde. 948 erfolgte die Gründung der Bistümer Havelberg und Brandenburg, aber der Aufstand von 983 war bereits der vorläufige Untergang dieser Bistümer gewesen. Die Nachfolger Otto I., die vor allem in Italien gebunden waren, begnügten sich mit der Sicherung der Elblinie. Heinrich II. schloß sogar mit den Liutizen ein Bündnis gegen den polnischen König Miesko II. und richtete die beiden Bistümer wieder ein. Heinrich III. und Heinrich IV. hatten genug mit den Sachsen zu tun, die sich gegen sie aufgelehnt hatten.

Erst als Albrecht der Bär von Ballenstedt 1134 in Halberstadt von Kaiser Lothar III. mit der Nordmark belehnt wurde, kam wieder Bewegung in die Kolonisationsbestrebungen deutscher Territorialgewalten. Streitigkeiten zwischen dem Bayernherzog Heinrich dem Stolzen, dem Vater Heinrich des Löwen, und Albrecht dem Bären hatten zur Folge, daß Albrecht fast seines ganzen Besitzes im und am Harz verlustig wurde. Dadurch war er gezwungen, sich entschlossener denn je gen Osten zu wenden. 1142 schloß Pribivislav von Brandenburg mit Albrecht einen Erbvertrag ab, nachdem er vorher zum Christentum übergetreten war. Schon seit 1130 gehörte die Zauche, seit 1136 die Prignitz, seit 1150 das Havelland zum Hoheitsgebiet Albrechts des Bären. Das slawische Volk aber hielt weiterhin zähe am alten Glauben fest.

1147 konnte Bernward von Clairveaux auf einem Frankfurter Reichstag gar zahlreiche Beutejäger für einen Kreuzzug gegen die Wenden gewinnen, ohne zu wissen, wer da Christ und wer da Heide war. Auch der Magdeburger Erzbischof und der Halberstädter Bischof waren mit von der Partie, während dieser zerstörerische Ausflug Albrecht dem Bären gar nicht so sehr gefiel - auch wenn er sich gezwungen sah, nicht abseits zu stehen. Er sah durch diesen Kreuzzug sein eigenes Werk und damit seine eigenen Interessen gefährdet. Und tatsächlich brachte dieser Kreuzzug, der nicht das spätere altmärkische Gebiet einbezog - schließlich gehörte ja ein Teil bereits zum Bistum Halberstadt und der andere zum Verdener Sprengel - den Slawen nicht das Christentum, sondern zerstörte für längere Zeit ihre Lebensgrundlagen. Daraus konnten Albrecht nur neue Schwierigkeiten im Umgang mit den Slawen erwachsen. Deren Haß nach diesem durchaus nicht im christlichen Sinne geführten Kreuzzug war nur noch gewachsen.

Aber nicht nur Albrecht trachtete danach, sein Territorium nach Osten zu erweitern, sondern auch der Magdeburger Erzbischof Wichmann, ein Adliger aus der Seeburg bei Eisleben, versuchte erfolgreich, seinen Einfluß auf das rechte Elbufer auszudehnen. Albrechts eigentliche historische Tat für die Altmark war die Urbarmachung der Wische durch Holländer, die er eigens für diese Arbeiten ins Land gerufen hatte. Endgültig zu Besitzern der Altmark wurden die Deutschen zwischen 1159 und 1170 .

Immer hat die deutsche Forschung der Vergangenheit die Auseinandersetzungen zwischen Slawen und Deutschen als einen ethnischen Konflikt gewertet. Im Nationalsozialismus gipfelte diese Sicht in dem chauvinistischen Herrenanspruch der Deutschen über eine "minderwertigere Rasse". Dabei war die eigentliche Triebfeder der Auseinandersetzungen auf beiden Seiten unseres Erachtens der feudale Konsolidierungsprozeß. Land und Leute bedeuteten Macht. Das ist auch heute nicht anders. Erst in zweiter Hinsicht ging es um Heiden- und Christentum. So wie die Sachsen sich erbittert gegen die Unterwerfung durch die Franken wehrten und das Christentum nicht annehmen wollten, so war das wohl auch bei den Slawen gegenüber den Sachsen. Nicht ethnische Unterschiede entschieden über Sieg und Niederlage, sondern die entwickeltere Feudalordnung der Sachsen und damit der höhere Stand ihrer materiellen Kultur. Ähnliche Gründe führten um 800 zur Niederwerfung der Sachsen.

Das Christentum selbst fand im Balsamgau durch die Missionstätigkeit der Halberstädter Bischöfe und Bauern aus dem Harz und seinem Vorland einen günstigeren Nährboden als in der westlichen Altmark. Die deutschen Bauern brachten das Christentum bereits mit. Slawische Zuwanderer im östlichen Teil fanden überall das Christentum vor, in dem westlichen Teil aber dominierten immer noch heidnische Slawen. Die Kirchen, die die deutschen Bauern errichteten, waren ein Signal und ein Schutz sowohl nach Osten als auch nach Norden und Westen.

Bereits Otto I. schenkte dem Stift in Quedlinburg zahlreiche Ländereien in der Altmark, darunter auch Orte, in denen offensichtlich auch überwiegend Slawen wohnten. Wollesen (5) ging davon aus, daß in diesen Orten wohl schon slawische Christen lebten. Nun war aber Quedlinburg räumlich weit weg von der Altmark, berücksichtigt man die damaligen Verkehrsverbindungen. Otto kann Orte verschenkt haben, die zwar zu seinem Herrschaftsbereich gehörten, aber durchaus mit Menschen bewohnt gewesen sein können, von deren Religionszugehörigkeit er überhaupt keine Ahnung gehabt haben muß.

Zwischen 958 und 963 wurde am Südrand der Altmark das Nonnenkloster in Hillersleben gegründet, das christianisierend auf die altmärkische Bevölkerung einwirkte. Es ist auffällig, daß in Missionsgebieten vorwiegend Nonnenklöster gestiftet wurden. Waren die Mönche zu hitzköpfig und weniger diplomatisch? Nach 973 ließ die Äbtissin Hedwig, eine Tante des berühmten Chronisten Thietmar von Merseburg, bereits in Heßlingen eine Granitkirche bauen, die aber nicht mehr erhalten ist. (6) Alle Christianisierungsversuche vor 983 sind zwar interessant, aber in diesem Jahr wurden sie wieder zunichte gemacht. Eine weitere vernichtende Niederlage fügten die Slawen den Deutschen 1056 in der Nähe der Havelmündung zu. Lange Zeit lebten Hieden und Christen noch eng beieinander.

Die Überlassung von Dörfern an Klöster muß nicht davon ausgehen, daß in diesen Dörfern bereits Christen wohnten, sondern kann auch Auftrag und Ansporn gewesen sein, diese Orte zu christianisieren nach dem Motto: hier hast du Land, Dörfer und Leute, mach etwas daraus. Die Haltung wäre mit der gesamten Kolonisationsbewegung zu vergleichen: Urbarmachung und Nutzung.

Zwistigkeiten der Grafen und Markgrafen untereinander verhinderten noch in der ersten Hälfte des 12. Jahrhunderts eine zielgerichtete Christianisierungspolitik. Erst in die Zeit um 1150 fallen die Gründungen der ersten wuchtigen Breitturmkirchen, in eine Zeit also, in der in den Altsiedelgebieten bereits die Spätromanik als Kunststil herrschte. "Wo sich die Kolonisten auch niederließen, gleichviel ob sie altwendische Dörfer in Besitz nahmen oder neue Dörfer gründeten, so war mit ihrer Niederlassung die Errichtung einer Pfarrei und der Bau einer Kirche verbunden. Gleich bei der Zuweisung des Landes wurden zu diesem Zweck Grundstücke ausgeworfen..." (6a)

Für die Christianisierung der westlichen Altmark wurde im 12. Jahrhundert die Gründung des Augustinerinnenklosters Marienwerder in Diesdorf bedeutsam. In den dem Kloster 1162 zugewiesenen Dörfern wohnten noch heidnische Slawen. Noch in der ersten Hälfte des 13. Jahrhunderts plagte sich der Propst dieses Klosters mit heidnischen Dorfbewohnern herum, sicherlich weil sie durchaus nicht einsehen wollten, warum sie an dieses Kloster Abgaben zahlen sollten. Sie opferten lieber ihren eigenen Göttern. Um die Ausfälle zu beheben, glaubte der Propst, in einem dieser Dörfer eine Taufkirche errichten zu müssen. So hieß es in der Stiftungsurkunde von 1245, "daß die Errichtung deshalb erfolge, damit die Leute in den Dörfern, welche den christlichen Glauben noch nicht angenommen hätten, sondern noch Heiden wären, zur wahren Einheit des Glaubens gebracht würden".

Zugleich wurde angeordnet, daß die Bewohner ihre Toten auf dem Gottesacker der Kapelle beerdigen sollten; sie hatten dieselben also offenbar bis dahin nach heidnischer Sitte in Feldern und Wäldern zerstreut begraben. Die Verordnung erging mit der Drohung, daß, wenn 'genannte Menschen' ihren heidnischen Gebräuchen nicht absagen wollten, deutsche Kolonisten katholischen Glaubens an ihre Stelle gesetzt werden sollten."(7). So wundert es erneut nicht, daß in der westlichen Altmark vorwiegend turmlose und schlecht gemauerte Kirchen aus der Zeit des Endes des 12. Jahrhunderts und der ersten Hälfte des 13. stehen. Da, wo wir Kirchen mit einem Breitturm finden, sind die Dörfer auch deutsch (Mahlsdorf, Dankensen, Benkendorf, Dambeck u.a.)

Die Kirchen

Wer die Altmark durchwandert oder auf den relativ guten Landstraßen befährt, dem wird immer wieder die Fülle wehrhaft anmutender Dorfkirchen auffallen, die die Landschaft entscheidend mit prägen. Deshalb sind die Fragen berechtigt, warum dieser einheitliche Typ so konzentriert in der Altmark anzutreffen ist, was die Beweggründe waren, solche trutzigen aber malerisch schönen Kirchen zu bauen, wer sie gebaut hat und woher dieser Typ in die Altmark gelangte oder ob er sich aus gesellschaftlichen Notwendigkeiten in der Altmark als zweckmäßig erwiesen hatte. Wir wollen eine Erklärung versuchen.

Diese altmärkischen Kirchen mit ihren querrechteckigen Türmen nennen wir "Breitturmkirchen". Sie treten konzentriert vor allem in der östlichen Altmark auf. Unschwer fallen uns mehrere Typen auf:

1. Dorfkirchen, die aus einem Breitturm, einem gleichbreiten Schiff, eingezogenem, fast quadratischem Chor und eingerückter Apsis bestehen,
2. sogenannte dreiteilige Typen mit Breitturm, Schiff und Chor. Daneben bestehen auch Mischformen, wie Schiff, Chor, Apsis oder Turm, Schiff, Apsis,
3. als weiter reduzierter Typ mit Turm und Schiff oder Schiff und Apsis,
4. schließlich als Einraum.

Alle Typen sind - Ausnahme bilden die Backsteinkirchen in der Wische - mit Granitsteinen errichtet worden, die überall auf den Feldern herumlagen und noch heute die Bauern plagen, wenn sie ihr Feld bestellen. Diese Steine wurden im Laufe der Jahre unterschiedlich als Baumaterial bearbeitet und vermauert. Dabei fällt unschwer auf, daß die Mauertechnik bei dem sogenannten vierteiligen Typ am sorgfältigsten ist. Im westlichen Teil der Altmark, wo wenige vierteilige Kirchen anzutreffen sind, wurden die Steine unregelmäßig vermauert und fast gar nicht behauen. Bei vielen Kirchen wurde für Fenster- und Portalbögen oder auch für deren Leibungen und Gewände Backstein verwandt.

Natürlich interessiert es nicht nur den Heimatverbundenen, wann diese Kirchen entstanden sein könnten. Fest steht, daß sie zum allergrößten Teil in der Romanik und Gotik errichtet wurden. Die Romanik beherrschte die Bauweise aber in dem großen Zeitraum zwischen ca.1050 und 1230/40. In dieser Zeit vollzog sich auch die Kolonisierung der Altmark und die Assimilierung der Slawen. Wie bereits berichtet, vollzog sich dieser Prozeß durchaus nicht immer friedlich.

Eine wichtige Voraussetzung für eine dauerhafte Kolonisierung und damit die Einführung feudalistischer Verhältnisse auch in der Altmark war die Christianisierung der dort verbliebenen Slawen.

Die Adligen aus dem Harzvorland

Es ist nicht zu übersehen, daß im Balsamgau und in der Flußniederung des Flusses Milde-Biese-Aland sich die Breitturmkirchen - auch die des vierteiligen Typs - häufen. Es ist auch erwiesen, daß Siedler aus dem Nordharzvorland und aus dem südlichen Niedersachsen in dieses unbekannte Land kamen, während von Westen und Nordwesten Wenden einwanderten. Da das Gebiet des Halberstädter Bistums im Osten an die Grenze der Slawen stieß, wird es auch im Interesse des Halberstädter Bischofs gewesen sein, daß Kaiser Lothar III. Albrecht den Bären von Ballenstedt als Markgraf über die Nordmark einsetzte. Vielleicht auch deshalb fand die Belehnung 1134 in der Bischofsstadt statt. Trotzdem war zu dieser Zeit dieser Teil der Altmark gesicherter als der westliche. Diese Voraussetzungen werden Albrecht den Bären mit bewogen haben, sich hier eine Ausgangsbasis für seine späteren Eroberungen rechts der Elbe zu schaffen.

In diesem Zusammenhang ist auch die Rolle der Osterburger Grafen zu berücksichtigen, die mit dem Geschlecht von Veltheim am Nordharz (Veltheim, Kreis Halberstadt) identisch waren. Im Nordharzvorland sind Breitturmkirchen ebenfalls verbreitet. So steht auch in Veltheim solch eine Kirche. König Heinrich IV. ließ sowohl zur Sicherung des Sachsenlandes als auch des Silberbergbaus rund um den Harz Reichsburgen errichten, die er mit Schwaben besetzen ließ. Ähnlich verfuhr Karl der Große seinerzeit, als er in die Wehrhöfe Franken legte. Schwaben waren auch die Veltheimer. Zu den Halberstädter Bischöfen unterhielten sie enge Kontakte. Auch einige Halberstädter Bischöfe selbst gingen aus diesem Geschlecht hervor. Der Bekannteste unter ihnen war Burchard II. (1059-1088). Er stand in der Gunst des jungen Königs Heinrich IV., bis er im Sachsenkrieg dessen erbittertster Gegner wurde.

Burchard II. war ein Neffe des Erzbischofs Anno von Köln, der zu dem Kreis weltlicher und geistlicher Fürsten gehörte, die die Zeit der Unmündigkeit Heinrichs zwischen 1056 und 1065 schamlos für die eigenen Interessen ausgenutzt hatten. Er hatte sich sogar an die Spitze der Adelsopposition gestellt und den jungen Heinrich samt den Reichsinsignien aus Kaiserswerth entführt. Dieser Anno betrieb eine rücksichtslose Vetternwirtschaft. So könnte Burchard auch ihm sein Bischofsamt zu verdanken haben. Er war vorher Propst in Goslar. Vielleicht kam ebenso Erzbischof Werner von Magdeburg 1063 zu seinem Amt. Schließlich war er ein Bruder Annos.

Burchard II. besaß zwei Brüder - Lantfried und Adelgot. Adelgots Sohn, Werner I. von Veltheim, heiratete eine Schwester Wiprechts von Groitzsch. Einer ihrer Söhne - Adelgot - wurde Erzbischof von Magdeburg (1107 - 1119), der andere - Werner II. - heiratete Mathilde von Krosigk. Aus dieser Ehe ging Werner III. hervor, der mit Adelheid von Ballenstedt vermählt war. Adelheid war die Witwe des Markgrafen Heinrich von Stade und einzige Schwester Albrechts des Bären von Ballenstedt. Diese Verschwägerung kann zur Erweiterung des Besitzes Werner III. beigetragen haben, denn 1149 wird er als "comes (Graf) de Veltheim" und 1157 als "comes de Osterborch" genannt. Der Besitz der Grafen von Osterburg konzentrierte sich auf die mittlere Altmark zwischen Milde, Uchte und Tanger. Er grenzte im Osten an das markgräfliche Zentrum und im Süden an die Grafschaft Grieben. Auffallend ist die Geschlossenheit des Besitzes, "bei dem es sich vornehmlich um ganze oder halbe Dörfer handelte". Obwohl Al-brecht der Bär Holländer und Flamen ins Land rief, die des Deichbaus und der Urbarmachung des Schwemmlandes an der Elbe kundig waren, besaßen die Osterburger Grafen umfangreiche Besitzungen auch in der Wische. Die Grafschaft Gardelegen dagegen fiel schon in der zweiten Hälfte des 12. Jahrhunderts an die Markgrafen von Brandenburg, aber noch um 1160 war sie, im Gegensatz zu Salzwedel, Osterburg, Arneburg und Tangermünde, außerhalb der Machtsphäre Albrechts des Bären. Kurz nach der Mitte des 12. Jahrhunderts taucht in den Urkunden ein Burggraf Siegfried von Arneburg auf, dessen Geschlecht von Quenstedt in der Umgegend von Halberstadt heimisch war. Die Grafen von Salzwedel kamen wahrscheinlich aus dem Nordthüringgau.(8)

Eine entscheidende Rolle spielten bei der Kolonisierung und dem Aufbau einer feudalen Ordnung die Burgen - in unserem Falle wohl Arneburg, Tangermünde, Salzwedel, Osterburg u.a.. Sie waren auch eine Grundlage für die Ausbildung adliger Machtbereiche in der Altmark. Diese Burgen gingen wiederum aus Burgwarden hervor, die vor allem bei der Kolonisierung ostelbischer Gebiete eingerichtet wurden. Zur Burg gehörte ein Bezirk von bereits vorhandenen slawischen Dörfern und Neusiedlungen, die allesamt unter dem Schutz der Burg standen, aber auch von ihr abhängig waren.

Albrecht der Bär stützte sich vor allem auf seine Besitz- und Herrschaftsrechte am Harz. In der Altmark konnte Albrecht verstärkt im östlichen Teil markgräfliche Rechte ausüben, obwohl er auch die oben genannten Burgen um 1160 zu seinen Besitzungen zählte, auch wenn in ihnen edelfreie Geschlechter saßen. Herrschaftsrechte nahm er auch für sich im Raum um Salzwedel und um den Arendsee in Anspruch. Erst seine Nachfolger brachten die gesamte Altmark in ihren unmittelbaren Besitz. Albrechts Interesse galt der Sicherung der Altmark gegen die Slawen. Dabei stützte er sich entschieden auf die dort ansässigen Grafen und Klöster, die in verstärktem Umfang von den Grafen als Eigenklöster gegründet wurden. (9)

Unter dieser Konstellation sind die wehrhaften altmärkischen Kirchen zu sehen. Sie stellten gleichermaßen eine Sicherung des Gebietes dar, manifestierten optisch sehr eindeutig das Christentum und dessen Wehrhaftigkeit, gleichzeitig aber gewährten diese Kirchen den Bauern Schutz bei Gefahren. Wie wir gesehen haben, kamen die Grafen von Osterburg und der Markgraf selbst aus dem nördlichen Harzvorland und die Halberstädter Bischöfe missionierten in der östlichen Altmark. Sie alle werden wohl die Bauern ermuntert haben, in die Altmark zu ziehen, wobei sie ihnen günstigere Lebensbedingungen versprachen.

Albrecht dem Bären ist es wohl zuzuschreiben, daß um die Mitte des 12. Jahrhunderts die Siedlungspolitik ihren Höhepunkt und ihre Dauerhaftigkeit erreicht hatte. Wenn die Siedler aus dem südlichen Niedersachsen und dem Harzvorland kamen, werden sie auch den dort üblichen Dorfkirchentyp mitgebracht haben, bauten sie doch auch in dem neuen Land ihren bekannten Vierseithof und wandten die Fachwerkbauweise an. Wie sah die Kunstlandschaft zu dieser Zeit am Harz aus?

Die Romanik am Harz und ihr Einfluß auf die Altmark

Rings um den Harz legten die Ottonen Pfalzen an und nutzten dabei auch bereits vorhandene karolingische Anlagen. Solche Pfalzen standen in Quedlinburg, Werla, Pöhlde, Nordhausen, Wallhausen, Tilleda, Allstedt, Memleben und später Goslar. (10) In vielen Orten stößt der Reisende auf romanische Bauten, die zwischen dem10. und 13. Jahrhundert errichtet wurden. In diesem Raum finden wir die bedeutendsten romanischen Denkmäler Mitteldeutschlands. Aus der Zeit der Ottonen ist die Stiftskirche St. Cyriakus in Gernrode erhalten. Freilich hat diese Kirche in den folgenden Jahrhunderten mannigfache Änderungen erfahren müssen, aber der Grundcharakter einer ottonischen Kirche ist erhalten geblieben.

Zwischen 1005 und 1020 ließ der Halberstädter Bischof Arnulf Bau 1 der Liebfrauenkirche auf seinem Burggelände gegenüber dem Dom errichten. Letzterer wurde 992 geweiht. In die Zeit um 1000 fallen auch die Stiftskirchen in Gandersheim, St. Michael in Hildesheim, die Klosterkirchen in Drübeck, Stötterlingenburg, der Merseburger Dom und der Erweiterungsbau der Stiftskirche in Quedlinburg.

Ein besonderes Merkmal karolingischer und ottonischer Kirchenbauten war das Westwerk, das u.a. dem König als Loge zur Beiwohnung am Gottesdienst diente. Bereits in der Frühromanik wurde im niedersächsischen Raum dieses Westwerk von der Doppelturmfassade abgelöst. Beispiele dafür sind der Kaiserdom in Goslar 1050, Unser Lieben Frauen in Magdeburg 1070 (im 12. Jahrhundert verändert), St. Peter und Paul in Halberstadt 1083. Zur Frühromanik gehören auch die Klosterkirchen in Ilsenburg 1078/87 und auf der Huysburg 1084/1121, ebenso Teile der Drübecker Klosterkirche. In die hochromanische Zeit fallen solche Kirchen wie die nach einem Brand 1129 neuerrichtete Stiftskirche in Quedlinburg, die Klosterkirche in Hamersleben und die Stiftskirche in Königslutter. In der Spätromanik wird die Doppelturmfassade sächsischer Prägung - relativ geschlossene Westfassade mit quergestelltem Satteldach über einem Zwischenbau - dominierend. Zur Spätromanik am Harz rechnen wir die Kirchen in Frose, Hecklingen, Neuwerk in Goslar, Wimmelburg bei Eisleben, Göllingen, Konradburg u.a. (11)

Errichtet wurden diese Kirchen in der Hausteintechnik, die in der Spätromanik zur höchsten Vollkommenheit gediehen war. Kalk- und Sandsteine wurden von Steinmetzen sauber quadermäßig behauen und lagerhaft vermauert. Aus dem Gebiet um den Harz können mit der Kolonisationstätigkeit Steinmetze in die Altmark gekommen sein, die in der Lage waren, den vorgefundenen harten Granit ähnlich wie den Kalkstein bearbeiten zu können. Sie schlugen tatsächlich die großen harten Steine quadergerecht zu und vermauerten sie ebenso lagerhaft wie sie es in ihrem Altsiedelland gewohnt waren. Dabei setzten sie die glatte, gespaltene Seite nach außen und verputzten das Mauerwerk steinsichtig. In den Putz ritzten sie Fugen, um den Quader zumindest anzudeuten.

Wenn die Steinmetze aus dem Hausteingebiet um den Harz und aus dem südlichen Niedersachsen gekommen sind, müssen die vierteiligen Typen der altmärkischen Dorfkirchen die ältesten sein, da sie die sauberste Mauertechnik aufweisen. Diese Kirchen konzentrieren sich vor allem in der östlichen und mittleren Altmark. Sie sind sicherlich aber erst entstanden, nachdem Albrecht der Bär mit den Grafen die Voraussetzungen für den Bestand der Neusiedlungen bzw. die Inbesitznahme vorgefundener Dörfer geschaffen hatte - also um die Mitte des 12. Jahrhunderts. Der Dorfkirchenbau setzt folglich in der Altmark in der Spätromanik ein, geschichtlich gesehen in der Phase der Vollendung des Feudalisierungsprozesses. Wie wir noch sehen werden, wird die Mauertechnik bei den folgenden Typen immer nachlässiger.

Dorfkirchen liegen, sofern es die geographischen Gegebenheiten erlauben, auf Anhöhen, die bereits in der Vorgeschichte nicht allzu selten kultischen Zwecken dienten. Während der Christianisierung fiel die Wahl des Standortes für die zu errichtende Kirche auf solche traditionsgeschwängerten Plätze, wohl um die Macht des christlichen Gottes über den heidnischen zu demonstrieren und um die Menschen nicht des vertrauten, jahrhundertelang genutzten Ortes zu entwöhnen, aber wohl auch, um zu verhindern, daß dieser Ort heimlich für heidnische Kulthandlungen weiter genutzt würde. Stand dort eine Kirche, sah sich der noch im heidnischen Glauben denkende Mensch zwei zu verehrenden Göttern gegenüber. Das wäre gar nicht so schlimm gewesen, aber daß der alte Gott es zuließ, daß für den neuen am angestammten Platz ein Kultgebäude errichtet wurde, mag in ihm doch Zweifel erregt haben und damit auch die aufkommende Angst, der neue Gott könnte ihn beobachten. Somit war die Kirche gleichzeitig ein Wächter wider den heidnischen Glauben. An solchen heidnischen Kultstätten entstanden die Dorfkirchen in Dobbrun, Düsedau, Drüsedau, Jeggel, Winterfeld, Polkern, Häsewig. Wo heilige Bäume wuchsen und heilige Quellen sprudelten, erhoben sich nun christliche Kirchen und Kapellen.

Es kam wiederholt vor, daß das christliche Gebäude auf die Fundamente des zerstörten heidnischen Tempels gesetzt wurde. Als markantestes Beispiel in altmärkischer Nähe mag die Nutzung der heidnischen Kultstätte auf dem Harlunger Berg bei Brandenburg gelten (11a). Auf diesem Berg opferten die Germanen dem Wodan, an seine Stelle trat nach der Einwanderung der Slawen deren Gott Trigislav, dem sie einen Tempel errichteten. Nachdem ihr Fürst Prigislaw das Christentum angenommen hatte, ließ er den Tempel vernichten und an dessen Stelle eine Marienkapelle errichten. Heute erhebt sich an diesem Ort die Marienkirche.

Technik und Baumaterial

Das verwendete Baumaterial war landschaftsgebunden. Von der Altmark bis in die Uckermark lag es auf den Feldern. Es mußte nur aufgesammelt zu werden. In der gleichen Landschaft stehen aber auch Backsteinkirchen, insbesondere längs der Elbe in der Wische, und in den Kreisen Havelberg und Genthin. Bruchsteinkirchen aus Kalkstein, Grauwacke, Sandstein und Porphyr schließen sich süd- und westwärts an. Am Ende des 12. Jahrhunderts fand der Backstein auch an den Granitkirchen der Altmark Verwendung, vor allem an Portalen und Fenstern. Als Beispiele seien genannt Binde, Dessau, Erxleben, Jeggel, Polkau (vgl. auch Katalog). Im 13. Jahrhundert haben die altmärkischen Feldsteinkirchen völlig in Backstein errichtete Portale und Fensteröffnungen; insbesondere die Schallöffnungen, die in diesem Jahrhundert und später erweitert wurden, sind aus Backstein errichtet.

Für die einzelnen Gegenden und Zeiten sind auch unterschiedliche Mauertechniken festzustellen. Wie bereits gesagt, steht bei den altmärkischen Dorfkirchen der vollständige Typ mit Turm, Schiff, Chor und Apsis am Beginn der Dorfkirchenbauten. An diesem Typ ist eine besonders sorgfältige Mauertechnik augenfällig. In Erdgeschoßhöhe weisen die Steine mitunter einen Durchmesser von 50 - 60 cm auf. Ihre gespaltene Fläche wurde nach außen gesetzt (Beispiele: Dobbrun, Neulingen, Kaulitz, Dankensen, Leppin).

Bei den frühen Kirchen sind die Granitsteine scharfkantig behauen und lagerhaft geschichtet (Beispiele: Altmersleben, Ahrensberg, Badingen, Binde, Dahlen, Gohre, Grassau, Grävenitz, Groß-Ballerstedt, Möhringen, Groß-Schwechten, Güssefeld, Hindenburg, Iden, Insel, Rochau, Schartau, Schinne, Uchtenhagen, Winterfeld u.a). Steinsichtig verputzte Kirchen stehen u.a. in Ahrensberg, Meßdorf, Krusemark, Bertkow, Polkau, Kaulitz, Polkritz, Schernickau, Schönebeck, Walsleben, Thielbeer. Für die Eckquader benutzte man bei fast allen Kirchen große, sauber behauene Steine. Dadurch wurde ein Auseinanderbröseln des Mauerwerks durch Witterung erschwert.

Mit dem Eindringen des Backsteins in die Feldsteintechnik mußten auch allmählich die Steinmetzen weichen und den Maurern Platz machen, die zwar eine gediegene Kenntnis im Umgang mit Ziegeln besaßen, aber die Bearbeitung der großen harten Findlinge zu Baumaterial nicht beherrschten. Dementsprechend bestehen die Mauern der Dorfkirchen, an denen schon Details in Backstein hinzugekommen sind, aus unbehauenen Feldsteinen, die aufgrund ihrer unterschiedlichen Größe auch nicht mehr lagerhaft geschichtet werden konnten. Mit der Reduzierung des vollständigen Typs wurde auch die Mauertechnik immer lässiger. Diese Feststellung kann bei der Datierung dieser Dorfkirchen behilflich sein.

Noch heute bilden Maurer und Steinmetze getrennte Innungen, auch deren Werkzeuge sind völlig andersartig. Mit dem Eindringen des Backsteins in die Feldsteintechnik mußten die Steinmetzen allmählich den Maurern weichen. Diese Maurer können aus dem Wischegebiet gekommen sein, da in diesem Landstrich an der Elbe das Schwemmland zur Anwendung des Backsteins zwang.

An der Kolonisierung der Gebiete östlich der Elbe nahmen in hohem Maße auch Bauern aus der Altmark teil. Die augenblickliche Mauertechnik gelangte so in die neu zu besiedelnden Gebiete. Hier stehen folglich die Kirchen mit einer mangelhaften Technik am Beginn des Dorfkirchenbaues.

Die Breitturmkirche mutet wehrhaft an

Die Gesamterscheinung der Breitturmkirche mutet wehrhaft geschlossen an. Klein sind die Fenster, die dicht unter dem Dach liegen. Die gedrückten Eingänge stehen in der Regel in den Längsseiten des Schiffes. Einen gesonderten Eingang beansprucht der Chor für den Geistlichen, der dadurch nicht den Laienraum, das Schiff, zu betreten brauchte. Noch heute schreitet er vom Chorraum zur Kanzel. Eine Stufe und ein Triumphbogen trennen den Chor vom Schiff. Im 13. Jahrhundert und später werden

Westeingänge, insbesondere östlich der Elbe, zur Normalität. Eine Feldsteinmauer schließt das Kirchengelände nach außen ab. Selten ist von ihr noch die ursprüngliche Höhe erhalten.

Bei den unveränderten Dorfkirchen stehen Turm, Schiff und Chor in einem wohlproportionierten Verhältnis zueinander. Im allgemeinen hat der Turm die Höhe der Summen der Längen von Schiff und Chor. Ungefähr der Höhe des Schiffes (bis Traufe) entsprechen wiederum die Tiefe und der das Schiff überragende Oberbau des Turmes. Nicht der Turm bestimmte folglich die Proportionen der Kirche, sondern das Schiff. Ausschlaggebend für die Größe der Dorfkirche war damit die personelle Stärke der Dorfgemeinde. Die sakrale Handlung war in allen Kirchen die gleiche, so daß auch die Größe des Chores letztlich von den Dimensionen des jeweiligen Schiffes abhängig war. Insbesondere im 18. Jahrhundert, in dem die Einwohnerzahl in den Dörfern zugenommen hatte, ist das Schiff erweitert worden. Dabei wurde auch der Chor verbreitert und weiter nach Osten verschoben.

Im Normalfalle verläuft die rhythmische Staffellung der aneinandergefügten Baukörper von Ost nach West. In aufsteigender Linie sind Apsis, Chor, Schiff und Turm additiv aneinander gefügt worden. Am sichtbarsten verzahnt sind Turm und Schiff, da in den allermeisten Fällen die Turmbreite der Schiffsbreite entspricht. Durch die Querstellung des Turmes wird der bauliche Bewegungsablauf radikal schirmartig abgeschlossen. Sicherlich lag den Dorfkirchen kein ausgearbeiteter Grundriß und Aufriß zugrunde, sondern das Gefühl für diese ausgewogenen Proportionen hatten sich die Steinmetzen im Laufe von Generationen erworben und wandten es frei an. Maße und Staffelung sind harmonisch abgestimmt und verleihen dem gesamten Baukörper eine große Ausgewogenheit und Ruhe. Abweichend vom Normaltyp ist der aus einem Rechteck ins Achteck übergehende Turm wie in Rochau oder als Chorturm in Hämerten. Auch dieser Turmtyp ist am Harz zu finden, so in Gröningen als Chorturm, als Westtürme in Drübeck, Gandersheim, Hildesheim, Braunschweig. Vor allem in der Gotik sind die Türme vielfach aufgestockt und damit auch ihre Schallöffnungen erweitert worden. Dabei wurden die Satteldächer auch steiler gesetzt. Das gotische Stilempfinden schlug sich auch in diesen Veränderungen an romanischen Dorfkirchen nieder, ähnlich wie im 18. Jahrhundert vielfach die Fenster des Schiffes vergrößert wurden. Ein neues Lebensgefühl hatte sich durchgesetzt, und Wehrcharakter mußten die Kirchen nicht mehr haben. Aufstockungen erfolgten unter anderem bei den Türmen in Gladigau, Meßdorf, Erxleben, Zierau. Bei einigen Kirchen steigen die Türme schmaler aus dem Schiffsdach auf, obwohl im Erdgeschoß der Turm in voller Breite angelegt ist (siehe Katalog). Diese Form ist typisch für Teile des ostelbischen Gebietes, vor allem im Kreis Templin.

Da der Breitturm die markanteste Erscheinung an den altmärkischen Dorfkirchen ist und in keiner anderen Gegend so massiv vorkommt, möchten wir uns ihm besonders zuwenden und dabei auch auf die verschiedenen Hypothesen seiner Herkunft eingehen. Dieser Breitturm wirkt geschlossen und abweisend. Spärlich sind die Öffnungen, die sich dazu noch vor allem auf die Glockenstube konzentrieren. Nur schmale Lichtschlitze in den Schmalseiten beleuchten die Geschosse bzw. die zum Teil in der Mauer verlaufende Treppe. Regelrecht als Schießscharten können die Schlitze an den Kirchen in Dobbrun und Uchtenhagen gewertet werden. In der Regel öffnet sich die Glockenstube nach Westen und Osten mit je zwei, nach Norden und Süden mit je einer Rundbogenöffnung - einfach oder gekuppelt, das heißt, die Öffnung wird nochmals durch eine kleine Säule oder einen kleinen Pfeiler unterteilt, auf denen zwei kleine Rundbögen lasten. Glockengeschosse mit je drei bzw. vier Öffnungen in den Breitseiten sind dagegen für das Harzgebiet und sein Vorland, den Saalkreis und die Gegend um Burg, Zerbst und Querfurt typisch.

Westeingänge sind an den Türmen in der Altmark, der Harzgegend und zwischen Bode und Unstrut eine Seltenheit. Vielfach sind sie anzutreffen in der Uckermark und um Luckau in der Niederlausitz. Fast alle sind in Backstein gemauert, ein- bis zweimal abgetreppt und stammen aus dem 13. Jahrhundert und später. In der Altmark finden wir alte Westeingänge in Dobberkau, Grassau, Möhringen, Heiligenfelde, Hindenburg, Kremkau, Ostheeren, Winterfeld.

Ist das Erdgeschoß tonnengewölbt, muß der Zugang zu den oberen Geschossen über dem Erdgeschoß oder in der Mauer liegen. Sogenannte Einsteigetüren finden wir deshalb heute noch an den meisten altmärkischen Türmen, auch wenn sie häufig in späterer Zeit geschlossen wurden. Markanteste und erhaltene Beispiele finden wir an der Kirche in Arnim - die heute noch benutzt wird durch eine außen angelegte eiserne Treppe - und Hohenwulsch - heute über eine massive Außentreppe zu erreichen (s. Abb.).

In dem im Süden an die Altmark grenzenden Kreis Haldensleben finden wir dagegen keine Einsteigetüren. Hier fehlt auch die Tonnenwölbung über den Erdgeschossen. Zu den Einsteigetüren müssen auch die Zugänge in Emporenhöhe vom Schiff aus gerechnet werden. Sie kommen fast in allen Kirchen vor, sind aber oft jüngeren Datums. Die Tonne schließt die oberen Geschosse vor jeglichem Zugang ab. In mehreren Türmen in der Altmark und, soweit wir erkennen können, in der Wolfenbütteler und Braunschweiger Gegend, bleibt die Wölbung nicht auf das Erdgeschoß beschränkt. Wo Einsteigetüren zu den Geschossen fehlen, verläuft der Zugang ab der unteren Einsteigetür innerhalb der Mauer. Solche Anlagen finden wir noch in Arneburg, Bertikow, Kläden, Rochau, Rindtorf, Schartau, Ünglingen u.a.

Die Mauerstärke im Erdgeschoß bewegt sich zwischen einem und vier Metern. Bis zu zwei Meter stark sind sie unter anderem in Dobbrun, Kaulitz, Kremkau, bis zu drei Meter in Buchholz, Büste, Erxleben, Gladigau, Grassau, Schinne, bis zu vier Meter in Kläden und Möhringen.

Unterschiedlich und in der Folgezeit vielfach verändert sind die Durchgänge vom Schiff zum Turm. Größtenteils wurden die einst schmalen Durchlässe bedeutend erweitert, und in nicht seltenen Fällen ist das gesamte Turmerdgeschoß dem Schiff einverleibt worden.

Sperrbalkenvorrichtungen sind wiederholt erhalten an Einsteigetüren, Turmeingängen zu ebener Erde und im Schiff. Als Belege mögen die Anlagen in Buchholz, Elversdorf, Klein-Schwechten, Büste und Gagel dienen. Stilwidrig ist der immer wieder anzutreffende Dachreiter, zumal viel zu massig für das schlanke Satteldach. Die meisten Veränderungen, die in der Regel zu einer Verunstaltung der Türme führten, erfolgten zwischen dem 17. und 19. Jahrhundert.

Die heutige Dichte der Verbreitung des Breitturmes in Deutschland ist nicht die ursprüngliche. Zahlreiche Orte wurden im Mittelalter verlassen und wurden wüst. Auch der Dreißigjährige Krieg hat so manche Ortschaft ausgelöscht. Die Intensität war in den einzelnen Landschaften unterschiedlich. In dem eigentlichen Verbreitungsgebiet stehen aber auch quadratische Türme und turmlose Kirchen. An Sakralbauten ist der Breitturm landschaftsbegrenzt. Sein Verbreitungsgebiet deckt sich annähernd mit den Territorien der ehemaligen sächsischen Bistümer Halberstadt, Hildesheim und Merseburg und dem östlichen Raum zwischen Lausitz, Ostsee, Oder und Elbe. Die Entwicklung verlief im Zuge der Ostkolonisation von West nach Ost.

Über die Funktion und Herkunft des Turmes gehen die Meinungen sehr stark auseinander und werden, wie es ausschaut, kaum auf einen Nenner zu bringen sein. Zwei Hauptauffassungen sind dominierend: 1. er hat ausschließlich liturgische Aufgaben zu erfüllen und 2. er diente vorrangig profanen Zwecken. Die Funktionsdeutungen sind aber viel umfangreicher. Hier in diesem Rahmen möchten wir den Leser nicht mit ihnen belasten. Wen es dennoch interessiert, der sei verwiesen auf Georg Wilhelm Holtzinger, Romanische Turmkapellen in Westtürmen vorwiegend ländlicher Kirchen im südlichen Teil des alten Erzbistums Köln, Diss. Aachen 1962, und Friedrich Möbius, Westwerkstudien, Jena 1968.

Die Herleitung des Breitturmes

Viel interessanter scheint die Frage nach der Herkunft des Breitturmes zu sein und damit auch die sich anschließende Frage nach dem Sinn eines Turmes. Seitdem die Menschheit in der Lage ist, in Lehm oder Stein Häuser zu bauen, errichtet sie auch Türme. Die ältesten finden wir an Grabbauten im Alten Orient. Jede Landschaft wird durch Türme bereichert. Von weither zeigt der Kirchtum einen Ort an, Straßen führen direkt auf den Kirchturm zu.

In diesem Zusammenhang ist es schon interessant, auch die Landschaftsgebundenheit der Turmtypen zu erkennen. In den Alpenregionen dominieren schlanke quadratische Türme mit hohen Turmspitzen, in der norddeutschen Tiefebene dagegen die gedrungenen, häuserähnlichen Kirchen mit quadratischen oder rechteckigen Türmen. Viele Komponenten werden zu einem Typ geführt haben, wie landschaftliche, ethnographische, gesellschaftliche, religiöse.

Der Turmblock am Westende des Schiffes wird als Abwehr des Bösen gedeutet, als himmliches Tor, wenn er Eingänge hat, als Stadt Jerusalem, als Symbol der Macht, als Fluchtort. Der Westwerkgedanke lebt als Reduktion in den Doppelkapellen der Pfalzen weiter. Zwei Kulträume liegen übereinander und sind durch eine größere Öffnung miteinander verbunden. Als Privatkapelle des Grundherrn diente das obere Geschoß, das vom Pallas aus zugänglich war.

Aus dieser Nutzung wird die Herausbildung des Kirchturms erklärt, also eine liturgische Funktion. Ebenso werden für diese Erklärung die hochgelegenen Westoratorien herangezogen, in denen sich ein Altar befand. Früheste Beispiele für solche Oratorien sind nachgewiesen bei St. Servatius in Fontanella (zwischen 742 und 747), St. Alban in Mainz (796-805) mit hochgelegener Michaelskapelle ebenso wie im Turm am Fuße des Montecassino (8. Jh.), Frauenberg bei Fulda (809), Petersberg bei Fulda (836), Seligenstadt (zwischen 828 und 840) mit einem Altar für den Hl. Marius. Entwicklungsgeschichtlich können die mehrgeschossigen Kapellen bis zu den byzantinischen Herrscherkapellen zurückverfolgt werden. In deren Obergeschoß befand sich der Sitz des Herrschers (Johannes Baptistkirche im Hebdomopalast zu Byzanz, S. Vitale in Ravenna, Pfalzkapelle in Aachen). (12)

Zur Zeit Karls des Großen, und später der Ottonen, beherrschte die Zentralgewalt - der Kaiser - auch die Kirche. Er allein entschied über die Besetzung eines Bischofsamtes und über Bistumsgründungen. Durch den Papst erfolgte lediglich eine formale Bestätigung. Diese exponierte Stellung gegenüber der Kirche spiegelte sich unter anderem in den Westwerken wieder. Allmählich wurden die Territorialgewalten stärker, damit auch die Bischöfe. Nach dem Investiturstreit war die Reduktion des Westwerkes so weit fortgeschritten, daß die Doppelturmfassade typisch wurde, ohne daß sie allerdings aus dem Westwerk hervorgegangen sein muß.

Der Verlust bäuerlicher Fliehburgen, die andauernden Fehden der Feudalherren untereinander, der zunehmende Versuch der Grundherren, die Bauern noch stärker in die Fron zu zwingen, führte zwangsläufig zu Schutzmaßnahmen seitens der Bauern. Da Kirchen im 12. Jahrhundert fast durchweg in Stein errichtet wurden, wirkte die Kirche schon durch das Baumaterial gegenüber den Katen wehrhaft. Daß sie dann noch mit wehrhaften Attributen aus dem feudalen Befestigungsbau verstärkt wurde, ist anzunehmen. Zumindest sprechen die Dorfkirchen vor allem in Ostfalen und in der Altmark für diese Annahme.

Die Errichtung wehrhafter Dorfkirchen mit einem Breitturm war nur möglich, wenn ein einheitliches Wollen und Handeln der Dorfbewohner, begründet durch die gemeinsame gesellschaftspolitische Situation, dahinterstand und von den Grundherren geduldet wurde. Die Kirche stand auf dem Grund und Boden des Grundherrn und wurde so zu dessen Eigenkirche - auch wenn sie eine Gemeindegründung war. Da aber in den einzelnen Dörfem oft mehrere Grundherren über Besitzungen und hörige Bauern verfügten, wird die Dorfgenossenschaft bei den Dorfkirchengründungen wirksam geworden sein. Sie erfolgten so auch in Ostsachsen vorwiegend durch die Gemeinde. Die ältesten Kirchen dagegen waren Gründungen einzelner Grundherren, oft des Bischofs selbst. Im 11. und 12. Jahrhundert war der Höhepunkt der Taufkirchengründungen überschritten. Nun wurden die Gemeinden selbst eifrige Förderer des Kirchenbaues. In Ostsachsen waren sie unermüdlich bestrebt, ihre Dorfkirchen zu verselbständigen. Die Einheitlichkeit der Türme in der architektonischen Gestaltung läßt auf eine ausgeprägt starke Tradition im Volke und auf die Bewährung des Typs bei der Erfüllung seiner Funktion schließen.

Sachsen war Grenzland gegen die Westslawen. Der Bau fester Kirchen im gesamten Sachsenland lag also letzten Endes auch im Interesse sowohl der Zentral- als auch der Territorialgewalt. Eine gefestigte und gesicherte Basis konnte für die verstärkt einsetzenden Expansionsbestrebungern nur willkommen sein, ja bildete die Voraussetzung. Unterstützt wird diese Annahme durch den Umstand, daß der Typ der Breitturmkirche mit der Ostkolonisation - vor allem in der durch Albrecht den Bären und Erzbischof Wichmann von Magdeburg begonnenen - in die westslawischen Gebiete gelangte und sich bis über die Oder hinaus ausdehnte, während der Wohnbau nicht "mitgenommen" wurde. Wohnhäuser waren bereits vorhanden, Kirchen noch nicht. Auch im 13. und 14. Jahrhundert sind Breitturmkirchen sowohl westlich als auch östlich der Elbe errichtet worden, einmal, weil das Fehdeunwesen noch zunahm und zum andern die bäuerliche Tradition lange Zeit an einmal gefundenen und bewährten Formen festhielt.

Der Breitturm darf nicht, wie schon erwähnt, isoliert von der eigentlichen Kirche gesehen werden. Er bildet mit ihr eine organische architektonische Einheit, sowohl formal als auch funktionell. Nicht nur über die Funktion des Einturmes an Dorfkirchen, sondern auch über dessen Herkunft wurde und wird in der Forschung emsig gestritten. Da wird die sakrale Vorhalle, aber auch das Torhaus als Ausgangspunkt genommen, schließlich die Ableitung aus dem Westwerk, der Doppelturmfassade oder aus dem profanen Wohnturm in befestigten Höfen und Burgen in Erwägung gezogen. Allen diesen Theorien nachzugehen, würde unseren Rahmen sprengen (s.o.). Letzteren drei Möglichkeiten wollen wir uns aber etwas näher widmen.

Die Herleitung aus dem Westwerk

Da wäre zunächst die Herleitung aus dem Westwerk. (13) Das Erdgeschoß dieses Westwerks ist der reichgegliederten, mit Säulen durchstellten Eingangshalle, wie in Centula und Corvey, vorbehalten gewesen, während das erste Obergeschoß die eigentliche zentrale Zone darstellte - den Hauptraum, der sich zum Langhaus, mit Blick auf den Chor, öffnete. Von hier aus wohnten weltliche Größen, voran der Kaiser, dem Gottesdienst bei. Es diente aber auch zur Abhaltung von Synoden, Sendgerichten und dem Vollzug von Taufen. Dafür wurde sicherlich hauptsächlich das Erdgeschoß - die Eingangshalle - genutzt. Das erste Westwerk überhaupt ließ Karl der Große in seiner Pfalz Aachen errichten.

G. Bandmann (14) stellt fest, daß Sachsen vom karolingischen Niederrhein die vom Westwerk abgeleiteten Westbauten geerbt hat. In gleiche Richtung zielen die Vermutungen Lehmanns und Eimers (15), die ebenfalls die Doppelturmfassade als eine Reduktion des Westwerks ansehen. Aus dieser Doppelturmfassade vollzog sich dann eine weitere Reduzierung zum Breitturm, bzw. beide Reduktionen vollzogen sich gleichzeitig. Wir finden den Breitturm auch an Basiliken (Havelberg, Minden, Hildesheim, Halberstadt, Bau I. Liebfrauen). Mrusek (16) legt sich nicht fest. Er läßt offen, ob der Westturm eine Westwerkreduktion ist oder sich selbständig entwickelt hat. Dabei neigt er aber bei seinen Überlegungen mehr zur Herleitung aus dem profanen Wehrbereich. Thümmler (17) glaubt, für den westfälisch-sächsischen Raum ebenfalls die Reduktion zur Vereinfachung beobachten zu können, wenn er schreibt: "Bereits die der ersten Hälfte des 10. Jahrhunderts zugeschriebenen Westwerke von Wunstorf und Möllenbeck zeigen die vereinfachte Grundrißform, die sich bis in das 12. Jahrhundert gehalten hat." Diese Reduktion geht einher mit der politischen Entwicklung im Zeitraum zwischen 850 und 1200. Thümmler rekonstruierte an der Damenstiftskirche in Wunstorf ein Westwerk, das den Westanlagen von Freckenhorst und Neuenheere im System nahe verwandt ist. Entsprechend der neuen Datierung - erste Hälfte 10. Jahrhundert - steht nach Thümmler der Wunstorfer Westbau am Anfang der "nachkarolingischen" reduzierten Westwerke im sächsisch-westfälischen Raum. Bereits beim Neubau der romanischen Anlage erfolgte die Umgestaltung des dreiteiligen Westbaues zu einem schmalen Westquerriegel (Breitturm).

Diese Umgestaltung muß nun unseres Erachtens nicht sofort als eine Reduktionserscheinung gewertet werden, sondern kann ebenso auf bereits bekannte Einturmformen zurückgehen, die wieder mehr Gewicht erhielten zu einem Zeitpunkt, als weniger der Machtgedanke des Kaisers bzw. die Gott-Kaiser-Idee eine Rolle spielte, als vielmehr der Machtkampf zwischen Zentral- und Territorialgewalt, der schon zur Zeit der Ottonen einsetzte und sich im Zuge des Landesausbaues immer mehr zugespitzt hatte.

Loertscher (18) untersuchte die romanische Stiftskirche in Schönenwerd und gelangte bei der Westpartie zu der Überzeugung, es mit dem Rest eines karolingischen Westwerks zu tun zu haben. Er stimmt dem Reduktionsgedanken Westwerk-Doppelturmfassade-Breitturm zu, wenn er schreibt: "Wenn irgendwo von der Genealogie eines Baumotivs gesprochen werden kann, dann beim Westwerk: bis in die Hochgotik reichen die Verzweigungen des Stammes, den wohl der geniale Architekt von Saint-Riquier (Centula) gepflanzt hat. Nach kurzer Zeit schon löst sich das komplexe Gebilde auf. Jahrhunderte zehren noch von der Erfindung, wenn auch ein langsamerer Bedeutungswandel sich vollzieht und der ursprünglich liturgische Sinn der Einrichtung in eine rein formale Ausdeutung mündet."

Nicht das Westwerk als Dreitturmanlage ist der Beginn der Turmentwicklung an Kirchen, sondern unserer Meinung nach der Einturm, der lange vor dem Westwerk bekannt war. Aus ihm und dem Vorhallengedanken kann sich das Westwerk entwickelt haben und zum Einturm findet man in allen Jahrhunderten wieder zurück. Der Einturmgedanke kann auch Schönwerd zugrunde gelegen haben. Die Dreiteilung des Erdgeschosses als Eingangszone zu den Schiffen ist eine Weiterentwicklung, im Obergeschoß war sie räumlich nicht erforderlich, deshalb lebt hier der Einturmgedanke weiter.

Die Herleitungstheorie aus dem Westwerk hat auf den ersten Blick etwas Verlockendes an sich, aber nicht unbedingt zwingendes. Der Breitturm ist ein querrechteckiger Baukörper, der aus einzelnen, übereinander getürmten Einräumen zusammengesetzt ist. Eine Eingangszone ist nicht vorhanden, im Gegenteil, die Erdgeschosse waren ursprünglich nur durch einen schmalen, rundbogigen Durchgang vom Schiff aus zugänglich. Ist das Erdgeschoß gewölbt - eine Allgemeinerscheinung in altmärkischen Dorfkirchen - gelangt man in einen "toten" Raum, einem Keller gleich, von dem kein Weg in die oberen Stockwerke führt, es sei denn, der Aufgang erfolgt vom Erdgeschoß aus innerhalb der Seitenmauern. Nichts vom Torgedanken, der Torkapelle u. ä. wird deutlich. Die einzige Gemeinsamkeit zwischen Breitturm und Westwerk erschöpft sich in der wehrhaft anmutenden Erscheinung, die aber nicht auf eine Verbindung, sondern auf einen gemeinsamen Ausgangspunkt hinweisen könnte.

Die Herleitung aus der Doppelturmfassade

Doppelturmfassaden stehen als Westabschlüsse vor Basiliken. Die quadratischen Seitentürme schließen die Seitenschiffe ab, der querrechteckige Zwischenbau mit Satteldach das Mittelschiff. Die ältesten Doppelturmfassaden sächsischer Prägung sind bis zur Glockenstube hin geschlossen und schmucklos, nur Lisenen gliedern den Turm sowohl vertikal als auch horizontal. Typisch ist aber der glatte aufstrebende Riegel, aus dem zwei quadratische Turmstümpfe herausragen (Paulskirche Halberstadt, 1083, Dom in Goslar, 1050, Königslutter, Helmstedt u.a.). Mit dem Fortfall der Seitenschiffe entstand die Saalkirche mit dem übriggebliebenen Mittelturm. Dafür spräche die hohe Lage der Fenster im Schiff, wie konstruktionsbedingt am Mittelschiff der Basiliken. Die Doppelturmfassade würde bei diesem Reduktionsprozeß eine Zwischenstellung zwischen Westwerk und Breitturm einnehmen. Fest steht, daß in Sachsen die Doppelturmfassade schon seit um 1050 bekannt ist, auch wenn an der Westseite der Liebfrauenkirche in Halberstadt

(Bau I) sich bereits eine querrechteckige Westturmfassade erhob. Für den Breitturm im sächsischen Raum konnte als frühester Zeitpunkt die zweite Hälfte des 11. Jahrhunderts ermittelt werden. In diesem Zeitraum wurde auch die sächsische Doppelturmfassade üblich. Herausbildung und gleichzeitige Reduktion erscheint zweifelhaft.

Die Herleitung aus dem Wehrbau

Im profanen Bereich gehörte zur Eigenbefestigung der Wehr- oder Wohnturm. Von hier floß der Turmtyp in die Sakralarchitektur ein und wurde entsprechend weiterentwickelt. Der Breitturm ist keine Reduzierung der Doppelturmfassade. Die Doppelturmfassade selbst ist ein dreigegliederter Breitturm, aufbauend auf dem basilikalen Grundriß des Langhauses. Auch an Doppelturmfassaden können wir Einsteigetüren feststellen (Deersheim, Osterwieck, Derenburg im Nordharzvorland). Eine interessante Turmform ist die am Havelberger Dom. Aus einem ungegliederten Rechteckblock wächst ein schmaler rechteckiger Aufbau. Diese Form ist entgegen der Doppelturmfassade formal logischer, da sie dem Aufriß der Basilika entspricht. Sie hat sich aus unbekannten Gründen nicht durchgesetzt, deutet aber auf den Einturm hin, der entsprechend dem basilikalen Aufbau im Mittelteil erhöht wurde. Auf diese Form des Einturmes brauchten schließlich nur die quadratischen Türme aufgesetzt zu werden. Da alle diese Turmformen sich relativ gleichzeitig herausbildeten, wird eine einheitliche Herkunft um so wahrscheinlicher sein.

Wohnturm und Spiker (Speicher) entstammen einem Grundgedanken, dem der Abwehr, der Verteidigung und Sicherung. Der Spiker ist als rechteckiges, turmartiges Gebäude in Niedersachsen weit verbreitet gewesen. Verstärkt tritt er in der Altmark und Magdeburger Börde auf. Spiker waren ursprünglich massive, freistehende Kornhäuser in einem fränkischen Gehöft. Ein Vergleich mit dem Bergfried bietet sich an. Auch der Spiker war nicht zu ebener Erde zu betreten - entgegen den Bauernburgen im Lippischen und um Osnabrück - und wies ebenso wenig Öffnungen auf. Timm (19) hält es nicht für ausgeschlossen, daß der Spiker bereits im 10. Jahrhundert bekannt war. In diesem Zusammenhang weist auch er auf die Türme an Dorfkirchen als letztes Bollwerk im Befestigungssystem der Dörfer hin. Speicherbauten sind bei Ausgrabungen der Wüstung Hohenrode bei Sangerhausen freigelegt worden (20). Sie stammen wahrscheinlich aus dem 12. bzw. 13. Jahrhundert. Es waren rechteckige Gebäude mit durchschnittlichen

Grundrißmaßen von 6,00 x 5,00 m. Sie waren mehrstöckig, unterkellert und besaßen in jedem Stockwerk nur einen Raum. In Soest kommen zweistöckige Steinbauten vor, die als Doppelkapellen gedeutet, aber von Mrusek als solche abgelehnt werden. Er weist darauf hin, daß die Eigenbefestigung auch im Dorf an Bedeutung gewonnen hatte, "sei es als Wohnturm oder im erweiteren Sinne als wehrhafte Kirche oder als befestigter Friedhof. Selbst beim gehobenen Sakralbau finden sich Varianten des Wohnturmes, starke Anklänge oder unmittelbare entwicklungsgeschichtliche Verknüpfungen." (21)

In der Altmark, Brandenburg und Thüringen waren Wohntürme nicht üblich, dagegen häuften sie sich zwischen dem Harz und der Linie Braunschweig - Magdeburg. In dieser Gegend treffen wir auch auf die frühesten, anfangs schwach rechteckigen Breittürme. Von hier aus haben sie sich weiter ausgebreitet. "Friedhofburgen, Wehrkirchen und befestigte Kirchtürme sind eine besondere Art der Eigenbefestigung auf dem Lande oder bei Klöstern. Ihre Besitzer sind eine Gemeinde meist gleichgestellter Personen." (22)

Eine ähnliche Feststellung trifft Möbius, wenn er schreibt: "Angilberts Westwerk steht in der Tradition des spätantiken Wehrturmes, der ein besonderes Obergeschoß für Wohnung und Verteidigung besaß. Solche 'Wohntürme' wurden im frühen Mittelalter in ganz Europa gebaut. Sie dienten adligen Geschlechtern zum persönlichen Schutz, als uneinnehmbare Bollwerke manifestierten sie die Macht ihrer Besitzer. Der erste Kirchturm, der in Gallien an eine Basilika trat, war nachgewiesenermaßen ein Wehrturm. Die jüngere Forschung hat das Hinzutreten des Turmes zum Kultgebäude aus dem Wehrgedanken erklärt." (23) Fuchs gibt zu, indem er sich mit Lehmanns Auffassung, das Westwerk in Centula sei aus zwei Formideen entstanden - der des westlichen Turmbaues und der des westlichen Querbaues -, auseinandersetzt, daß es den einfachen Querbau und den Westturm schon vor dem Westwerk gegeben habe. Nur gelten die Überlegungen von Fuchs und Lehmann nicht dem Wohn- bzw. Wehrturm, sondern den Westoratorien, die sich über dem Erdgeschoß befunden haben sollen, auch wenn Fuchs nicht abgeneigt ist anzunehmen, daß der Westbau in Büdingen ein zweigeschossiger Profanbau war, an den eine Kirche angelegt wurde. (24)

Die Eigenbefestigungen im Sinne kleiner Wohnbefestigungen durchsetzten in "frühstädtisch-ottonischer und stadtherrlich-romanischer Zeit" die Stadtanlage. (25) Deren Besitzer, Ministeriale, übten im Auftrage des Grundherrn die Kontrolle über die Stadt aus. Urkundlich überliefert sind solche Eigenbefestigungen für die Voigtei in der ältesten Bischofsstadt Ostsachsens Halberstadt. Einer solcher Wohntürme ist noch in der Trillgasse teilweise erhalten. Bereits 1179 wird er urkundlich genannt, als Heinrich der Löwe die Stadt zer-

herrschaften. In Mulmke, im selben Kreis, stand noch am Anfang der 70iger Jahre ein solcher Turm, im Grundriß 8,00 x 6,00 m groß. Das Erdgeschoß dieses Turmes war gewölbt. Darüber erhoben sich drei Hauptgeschosse. Vergleicht man diesen Turm mit den Breittürmen in derselben Landschaft, so ist bis auf die Glockenstube zwischen beiden Turmtypen kein wesentlicher Unterschied festzustellen.

Auf Friedhöfen sind Steinwerke ebenfalls anzutreffen, wie in Semmenstedt und Lebenstedt im Kreis Wolfenbüttel. Zu einem großen Teil waren die Friedhöfe befestigt. Darauf deuten noch die zahlreichen erhaltenen Friedhofsmauern hin, auch wenn sie nicht mehr in ihrer vollen Höhe erhalten sind. Um das Vieh vom Friedhof abzuhalten, benötigte man nicht derart massiver Mauern. Die in die Fundamente gelegten Findlinge hatten mitunter einen Durchmesser von einem Meter (Polkau, Krs. Osterburg).

Unterziehen wir zusammenfassend Breitturm und Eigenbefestigung einem Vergleich, so können wir zahlreiche Gemeinsamkeiten feststellen, wie die ähnliche Geschoßeinteilung, die Einräumigkeit der Geschosse, die Treppenanlagen in der Mauer, gewölbte Erdgeschosse, Einsteigetüren, Sperrbalkenverschlüsse, Lichtschlitze. Einen ausgesprochenen Wehrcharakter zeigen die Breittürme in Bielen, Büste, Druxberge, Schöningen, Straßberg, Großbardau mit einer 6 m hohen Friedhofsmauer, Groß-Möringen, Kläden, Klein-Schwechten, Rochau, Schartau, Kleinau, Arnim (hier Treppe zur Einsteigetür in der Westwand noch vorhanden, erneuert).

Wenn wir im Verbreitungsgebiet dieses Turmtyps die politische Situation im 11. und 12. Jahrhundert berücksichtigen, können wir uns der Vermutung, der Breitturm habe mit seinen fortifikatorischen Einrichtungen seine Wurzeln im profanen Wohnturm, nicht verschließen. Mrusek hat diese Vermutung am deutlichsten ausgesprochen (32). Auch Möbius verschließt sich dieser "Wohnturm-Tradition" nicht, wenn er - in diesem Falle für das Westwerk - feststellt: "In der Zusammenbindung und Verschmelzung von Wohnturm und Kirchenbau verwirklichte sich offenbar ein konkretes Interesse der Herren des Landes an der Sicherung des Kultbaues, aber auch ein Interesse am Schutz der zu diesem Kultbau gehörenden Menschen" (33).

Auf den Wehrzweck des Kirchturmes hat auch bereits Rudolf Egger bei seiner Untersuchung über die Herkunft der romanischen Chorturmkirche hingewiesen: "Feindesnot und Unsicherheit ... bringen von selbst den Wehrgedanken ... Eine besondere Art, ein verehrtes Grab zu schützen, ist die Bergung im Erdgeschoß eines starken Turmes. Daß der erste Kirchturm bei den gallischen Basiliken (gemeint ist die Martinskirche in Tours, d.V.) ein Wehrturm ist, wird aus der Bedrängnis der Zeit verständlich. Die Unsicherheit währte noch lange ... Notzeiten bedingen Türme bei den Kirchen ... als Verteidigungsmittel ist in Gallien der Einzelturm an die Kirche gefügt worden..." (34) 1160 ließ Probst Ekbert die alte Klosterkirche in Stederburg abreißen und benutzte beim Neubau einen Turm in der Befestigungsmauer als Kirchturm.

Die aus der Zeit des Feudalisierungsprozesses festgestellten Burgen (35) bildeten westlich der Saale einen 40 Kilometer breiten Befestigungsgürtel als Grenzsicherung des fränkischen Reiches nach Osten. Es waren also im ehemaligen Bistum Halberstadt - das belegt die Burgenkarte Paul Grimms (36) - eine Unmenge Burgen vorhanden. Entsprechend wird auch das Vorhandensein des Wehrturms bedeutend größer gewesen sein, als wir es heute vermuten.

Breitturmkirchen asls Teil eines Befestigungssystemes

Vergleichen wir die Lage der ältesten erhaltenen Dorfkirchen in der Altmark mit diesem Burgengürtel, so können wir einen ähnlichen "Gürtel" feststellen. Er liegt vor der Elbe und nimmt den östlichen Teil der Altmark ein. Diesem Gebiet vorgelagert lagen die Burgen Lenzen, Werben, Walsleben, Arneburg, Tangermünde, Magdeburg. Die eigentliche "Hauptverteidigungslinie" verlief südlich der Ohre und an der Aller (37).

Es war also in der Altmark wichtig, mit der Christianisierung im Ostteil zu beginnen, um dieses Gebiet dem Reich zu sichern, ohne die Slawen zu vertreiben. Sie wurden rasch assimiliert. Die in Stein errichteten Kirchen dienten in diesem nach Osten verhältnismäßig offenen Gebiet gleichzeitig als Fliehburgen. Parallel entstanden kleine Herrenburgen in Vielbaum, Schönberg, Calberwisch, Iden, Busch, Uchtenhagen.

Die "Hauptverteidigungslinie" erklärt auch die Einrichtung der Nordmark durch Karl den Großen, da Grenzmarken einmal ein unsicheres Grenzgebiet festigen und gleichzeitig die Grenze nach außen schützen sollten. Die Altmark - sie wies bekanntlich sowohl slawische als auch germanische Bewohner auf - wurde weiter mit Bauern aus den angrenzenden Reichsgebieten verstärkt. Das erforderte zwangsläufig die Schaffung von Schutzmaßnahmen für die Kolonisationsbauern. In diesem südlichen Verteidigungsgürtel standen

Burgen in Wolmirstedt, Hillersleben, Althaldensleben, Detzel, Hundisburg, Groß-Rottmersleben, Alvensleben, Erxleben, Altenhausen, Sommerschenburg, Harbke, Walbeck und Weferlingen (38). In ihm sind zahlreiche Breitturmkirchen anzutreffen, in den Burgorten selbst aber nicht. So scheinen sich die Breitturmkirchen in das dichte Netz fortifikatorischer Einrichtungen einzureihen und können als Bestandteil des feudalen Wehrbaues gelten.

Die Breitturmkirchen konzentrieren sich an der Elbe-Saale-Linie. Sie sind zweifelsohne auch Bollwerke gegen die Slawen gewesen. Daraus kann geschlußfolgert werden, daß die in der Harzgegend und um Braunschweig vorhandenen Breitturmkirchen sich in kriegerischer Not als Zufluchtsstätten bewährt haben mußten, zumindest sahen die Bauern an der Elbe und Saale in ihnen solche Bollwerke. Damit gelangten diese Türme als Typ mit der Kolonisationsbewegung der deutschen Bauern auch in die Gebiete der Slawen.

Im 11. Jahrhundert ist der Steinbau an größeren Sakralbauten bestimmend. Dorfkirchen mit einem Turm sind im Nordharzvorland aus der zweiten Hälfte des 11. Jahrhunderts und vom Ende dieses Jahrhunderts in der Börde nachweisbar. Die ersten uns bekannten altmärkischen Dorfkirchen reichen wohl bis in die Mitte des 12. Jahrhunderts zurück. Im Burgenbau beginnen Steinmauern in der zweiten Hälfte des 10. Jahrhunderts aufzutreten, so nach Ibrahim Ibn Jacub (39) an der Burg Nienburg an der Saale. Einen frühen Steinbau vermutet Grimm auch im "opus romanorum" in Merseburg (40). Thietmar (41) weist bei der Burg Allerstedt auf ein Haus hin, das mit einer Steinmauer umgeben ist. In den Pfalzen Werla und Tilleda (42) sind neben den Holzerdemauern auch Steinmauern festgestellt worden. Die Domburg in Halberstadt ist zwischen 1018 und 1020 mit einer Steinmauer versehen worden. 1020 wurde auch in dieser Domburg der erste Bau der Liebfrauenkirche mit einem Westquerriegel fertiggestellt.

Der Steinbau war im profanen Bereich schon bekannt, bevor Dorfkirchen mit diesem Material errichtet wurden, das heißt, der Wehr- und Wohnturm war als Steinbau schon vor dem Breitturm in dessen Verbreitungsgebiet vorhanden (43). Berücksichtigt man, daß ehemalige Fluchtburgen in zunehmendem Maße in Herrenburgen verwandelt wurden, ist die Vermutung nicht unberechtigt, daß die Bauern mit ihrer massiven Dorfkirche auf erhöhtem Gelände, umgeben von einer hohen Friedhofsmauer, sich einen Ersatz schufen. Die Bauern griffen auf bereits vorhandene Befestigungsbeispiele zurück, wie auf die Steinwerke, Kemenaten, Wohntürme. Gleiche Funktionen rufen ähnliche Formen hervor. Vorhandene Formen dieser Funktion werden übernommen und abgewandelt (44).

Den Breittürmen fehlt ein Wehrumgang, den hatten aber auch Wehr- und Wohntürme nicht in jedem Falle. Sie tragen stattdessen ein Sattel- oder Walmdach (spätere Veränderung) und passen sich mit diesem Abschluß harmonisch dem Kirchenschiff an, indem sie mit ihm zu einer Einheit verschmelzen - auch in der Funktion, denn die Kirche als solche war ebenfalls Zufluchts- und Verteidigungsort (45).

Die Fenster des Schiffes waren sehr klein und lagen dicht unter dem Dach. Sie mußten etwas größer als die Lichtschlitze gehalten werden - erhaltene weisen aber auch nur eine Breite von ca. 25 cm auf - da der Saalraum bekanntlich eine doppelte Bedeutung besaß: eine liturgische und eine profane. Timm wies ebenfalls auf den Wehrcharakter der Dorfkirchen unserer Landschaft hin, wenn er schreibt. "Als im Zuge des Landesausbaues im Interesse der Grundherrschaft die Siedlungen wachsen und die Getreidevorräte wesentlicher werden, verteidigen die Bauern sich in der Regel in der Siedlung selbst. Die befestigten Kirchen und Friedhöfe sind die letzten Bollwerke dieses im Verlaufe des Mittelalters immer weiter ausgebauten dörflichen Verteidigungssystems." (46).

Haus und Kirche

Im Verbreitungsgebiet des Breitturmes kamen gleichzeitig quadratische, runde, annähernd quadratische und ausgesprochen rechteckige Türme in Eigenbefestigungen vor. Warum wurde in der Altmark nur auf den rechteckigen Typ zurückgegriffen, wo doch die anderen Varianten ebenso die Verteidigungseigenschaft erfüllten? Quadratische Kirchtürme mit Wehrcharakter liegen in ganz Deutschland verstreut. Warum im ehemaligen Ostfalen, in der Altmark und an der Elbe-Saale-Linie diese Konzentration an Breittürmen?

Wie schon an anderer Stelle betont, wäre es falsch, den Breitturm isoliert von den übrigen Kirchenräumen zu betrachten. Zu offensichtlich ist die Verschmelzung von Schiff und Turm. Turm, Schiff, Chor und Apsis entstanden in der Regel nach einem einheitlichen Plan. Die lagerhafte Schichtung der Steine, die ja charakteristisch für die ältesten Feldsteinkirchen ist, wird am Turmansatz nicht unterbrochen. Turm- und Schiffswände liegen bekanntlich in einer Flucht, sind miteinander bündig. Die Eingänge zum Schiff liegen in den Längsseiten einander gegenüber. Eingänge durch den Turm sind bis auf Ausnahmen späteren Ursprungs. Für Bauten des 13. Jahrhunderts, vor allem östlich der Elbe, sind sie Normalerscheinungen. Innerhalb der Schiffswände sind die Eingänge nach Westen hin verschoben, nehmen aber eine Mittelstellung ein, rechnen wir die Turmbreitwand hinzu. Die lagerhafte Schichtung der Steine erinnert an die lagerhafte Schichtung gebeilter Balken. Zwischen zwei aneinander grenzenden Baumstämmen liegt der Eingang. Der westlich vom Eingang liegende Baumstamm bezog das Turmerdgeschoß mit ein.

Diese Herleitung aus dem Holzbau würde bedeuten, daß sich bei ihm im Westen ein querrechteckiger Bau befunden haben kann. Es ließe sich folglich aus dem Steinbau der Typ der hölzernen Vorgängerin rekonstruieren. Diese querrechteckigen Räume im Westen eines Gebäudes sind bei karolingischen Kleinkirchen nachgewiesen (z.B. Paderborn, Salvator I) (47). Aber nicht nur bei den karolingischen Urkirchen sind sie belegt, wo sie als Eingangsraum gedient haben könnten, sondern auch am Wohnhaus. So hatte beispielsweise der Pallas im Jagdhof Bodfeld im Harz (48), der später als Kirche genutzt wurde, im Westen einen querrechteckigen Raum, der keinen Turm getragen haben dürfte, da dessen Mauern die gleiche Stärke aufweisen wie die des anderen Raumes. Seit der Mitte des 13. Jahrhunderts liegt diese Kirche wüst.

Auch das Haupthaus der Burganlage "Kessel" von Groitzschen (49) besitzt im westlichen Teil einen schmalen querrechteckigen Raum, an den sich östlich ein weiterer, aber größerer, anschließt. In der Fortsetzung folgt dann der eigentliche langestreckte Hauptraum (1004 erwähnt). Ähnliches finden wir auch im Jagdhof in Siptenfelde im Harz. Der Hauptraum ist in rechteckige Räume aufgeteilt, wobei der äußere an der Südseite der ausgeprägteste ist. Auch die Kapelle dieses Jagdhofes wies einen westlichen, schmalrechteckigen Raum aus (50).

Auch in Krypten begegnen wir dieser Raumform - Quedlinburg, St.Wiperti (um 1020). Suchen wir im Wohnbau weiter, so stoßen wir u.a. auf die Vorhallenhäuser, wie sie bei Tröbus, Krs. Leppin und bei Ruppin sowie auf der "Römerschanze" bei Potsdam ergraben wurden (51).

Nach Schuchhardt reichten diese Häuser im Westen bis an den Harz und sind ein Bestandteil der jüngeren Lausitzer Kultur. Aber auch in der jüngeren Siedlung Hohenrode bei Grillenberg, Krs. Sangerhausen, sind "zweiräumige, längliche Wohnhäuser mit Steinunterbauten, die aus Trockenmauern bestehen", ergraben worden (52). Auch an diesen Gebäuden befinden sich die Eingänge an den Längsseiten, und die Gliederung erfolgte immer in einen kleinen Neben- und einen großen Hauptraum, der stets im Osten liegt. Der Nebenraum war immer nur vom Hauptraum zu betreten. An der Trennwand beider Räumne lagen eine oder zwei Herdstellen. Paul Grimm weist auf die Ähnlichkeit mit dem mittelfränkischen Wohnhaus des 12.-

14. Jahrhunderts hin, das den Eingang ebenfalls an den Längsseiten hat. Grimm datiert die Häuser in Hohenrode vor dem 12. Jahrhundert (53). Auch beim Kübbungshaus des Vor- und Hochmittelalters begegnen wir der Querteilung in Flett und Diele. Später ist auch das Niedersachsenhaus an einer Breitseite durch die Anordnung der Wohnräume verändert worden, so daß auch hier eine querrechteckige Raumaufteilung erfolgte: die Wohnräume bilden den schmalen Teil des gesamten Hauses (54). Die mitteldeutschen Häuser sind geostet mit dem schmalen Raum im Westen. Sicherlich spielte für die Raumanordnung auch die Sonneneinstrahlung eine Rolle (55).

Bekannt ist, daß Wohnhäuser nach erfolgter Christianisierung der Bewohner vor der Errichtung einer Kirche für gottesdienstliche Zwecke bereitgestellt wurden (56). Es liegt nahe, daß gerade auf dem Lande, wo die Tradition eine besonders große Rolle spielte, dieser Haustyp - durchaus unbewußt - als Vorlage für den Kirchengrundriß unter Hinzufügung des Chores und der Apsis gedient haben kann. Die Benutzung solcher einheimischer Grundrißformen wird von den Missionaren durchaus gefördert worden sein, einfach aus der Überlegung heraus, daß die Menschen dem Gottesdienst um so bereitwilliger beiwohnten, desto vertrauter ihnen die Umgebung war. Diese Überlegungen liegen auf der gleichen Ebene wie bei der Errichtung von Kirchen an ehemaligen heidnischen Kultstätten. Schon Deckert (57) wurde bei seinen Betrachtungen über die niedersächsichen Dorfkirchen an das Bauernhaus erinnert. Selbst die Innenausstattung ist behaglich wohnlich und durchaus nicht geistig entrückt.

Tatsächlich finden wir im Verbreitungsgebiet, vor allem auch im südlich an die Altmark angrenzenden Bördegebiet, Kirchen mit einem Westquerraum, der nur vom Schiff aus zugänglich ist, ohne daß über diesem Raum ein Turm geplant war. Beide Räume befinden sich unter einem gemeinsamen Satteldach. Diese Form ist vielfach östlich der Elbe verbreitet, kann aber gerade hier auch eine Folge späterer Veränderungen sein.

Solch ein Beispiel konnte Harksen in Alleringsleben an der Ludgeruskirche rekonstruieren. Bereits um das Jahr 1000 datiert Harksen die ältesten Baureste an den Dorfkirchen im Kreis Haldensleben. Diese alten Dorfkirchen rekonstruiert Harksen im Sinne Alleringsleben und Morsleben mit einem schmalrechteckigen Raum im Westen, so wie ihn Thümmler (58) auch bei Salvator I in Paderborn nachweisen konnte. Diese frühen Kirchen hatten keinen Turm. Die Eingänge lagen einander gegenüber in den Längsseiten des Schiffes in der Nähe der Trennwand. Parallelen zu dieser Anordnung finden wir bekanntlich auch an den Breitturmkirchen. Die Dorfkirchtürme in der Börde datiert Harksen ins 12. Jahrhundert (Ausnahme Uhrsleben). Sie sind unserer Meinung nach schon im 11. Jahrhundert möglich, da sie sich für diese Zeitim Harzraum nachweisen lassen. Der Slawensturm von 983 und 1020 erreichte auch das Bördegebiet. Der vorgeformte Grundriß für die Breitturmkirche war also vorhanden. Den Querraum als den Grundriß für einen Turm zu nutzen, lag folglich nahe.

Intensivere Forschungen wären aber nötig, um restlos in das Phänomen Breitturm Klarheit zu bringen. Feststehen dürfte, daß Türme keine liturgische Funktion an sich hatten. Für Glocken genügte ein Glockengiebel, wie noch vielfach in der Altmark nachweisbar. Der Turm war im Wehrbau bekannt. Die Dorfkirche war der einzige Steinbau im Dorf. Sie schützte Hab und Gut und Menschen vor Feuer, bot den Bewohnern Zuflucht bei Gefahren, vor allem in Grenzgebieten. Die trutzige Kirche auf der Anhöhe strömte aber auch Geborgenheit und Sicherheit aus, nicht zuletzt durch die Versinnbildlichung eines schützenden, anwesenden Gottes.

Die Dorfkirchen in der Altmark beherrschen heute ebenso noch die Landschaft wie vor 800 Jahren. Um wieviel wirkungsvoller müssen sie für die Menschen gewesen sein, die dem christlichen Glauben noch nicht anhingen, und wie wichtig müssen sie für die Bauern gewesen sein, die es gewagt hatten, sich auf einen Weg in eine ungewisse Zukunft zu begeben. Sie bedurften nicht nur des Schutzes Gottes, sondern mußten ganz konkret sich selbst schützen vor den unbekannten Gefahren eines Landes, in dem sie noch fremd waren, sich aber angeschickt hatten, es zu beherrschen. Ein feste Burg ist unser Gott - so Luther. 400 Jahre vor Luther wurde sie gebaut. Was Luther im geistigen Sinne meinte, war für die Kolonisten gegenständliche Notwendigkeit. Für uns sind die romanischen Feldsteinkirchen in der Altmark heute stille Schönheiten in einem schönen Land. Es lohnt sich, sie bewußt zu erleben.

ALTMERSLEBEN

KUHFELDE - LINDTORF

RINDTORF - ROCHAU - ROHRBERG

ROCHAU

ALTMERSLEBEN

BABEN

BELLINGEN

BERTKOW

BÜLITZ

DAMBECK

JEGGELEBEN

KLÄDEN

KUHFELDE

SCHORSTEDT

STEINFELD

STEINFELD

THÜRITZ

ÜNGLINGEN

ÜNGLINGEN

WINTERFELD

WOLLENRADE

ZIERAU

Ahlum

Erste Hälfte 13. Jahrhundert. Kirche liegt auf einer kleinen Anhöhe, ältester Teil der Breitturm, später mit einem Walmdach gedeckt, schmaler als das Schiff. Ostteile Mitte 19. Jahrhundert verändert: Chor abgerissen zugunsten eines Querhauses mit Apsis. Turm in grober Mauertechnik ausgeführt, stark mit Backstein durchsetzt. In der Turmsüdwand moderner Eingang (19. Jh.). In den Schmalseiten je zwei schmale, nebeneinandergestellte rundbogige Schallöffnungen (nicht gekuppelt), in den Breitseiten je zwei hohe Rundbogenöffnungen mit Backsteinleibungen. Schlitzfenster in den einzelnen Geschossen. Rechteckige Öffnung in der Westwand des Erdgeschosses tiefliegend vermauert. Rundbogen zum Schiff geschlossen und moderne Tür eingefügt. Fenster im Schiff 19. Jh., ein großes Rundbogenportal in der Südwand vermauert. Bis Portalhöhe lagerhafter Feldstein mit jeweils kleinsteiniger Zwischenlage. Oberbau unregelmäßiges Mauerwerk.

Altensalzwedel

Erste Hälfte 13. Jahrhundert. Breitturm, Schiff, eingezogener Chor, Apsis. Grobe Mauerung (kleine Steine) aber relativ lagerhaft. Mauerwerk der Südwand des Schiffes und Chores sowie des oberen Drittels der Nordwand 19. Jahrhundert, entsprechend auch alle Fenster mit Backsteinleibungen aus dieser Zeit. An der Südseite Baunaht zwischen Turm und Schiff im oberen Teil erkennbar, altes Mauerwerk zieht sich vom Turm bis unter das westliche Fenster des Schiffes hin. Turm: Satteldach zwischen massiven Giebeln, rundbogige Schallöcher, Verteilung 3:2, in der Westwand ein modernes Backsteinfenster. Im südlichen Giebel große Backsteinkreisblende. Fugenritzung am Turm modern. Moderne Portale in der Südwand des Turmes und Schiffes. An gleicher Seite ein rundbogiges Portal mit Granitgewände erhalten, ebenso ein kleines Rundbogenfenster an der Apsis.

Altmersleben

Anfang 13. Jahrhundert. Kirche liegt in Dorfmitte auf einer Anhöhe. Turm, Schiff, Chor, Apsis. Das Gelände ist zur Straßenseite hin durch eine starke Feldsteinmauer abgestützt (große gespaltene Feldsteine in ziemlich gleichmäßiger Lagerung), die gegenwärtig restauriert wird. Turm von Schiffsmauern umschlossen. Über der Glockenstube eine jüngere mit weiten rundbogigen Schallöffnungen (1:1). Die obere Glockenstube wird durch Ringanker gehalten, Satteldach mit Reiter. Aufgemauerte Giebel. Schallöcher der ursprünglichen Glockenstube noch erkennbar. In der Westwand ein kleines rundbogiges Fenster erhalten, darunter ein erweiterter Lichtschlitz. Moderner Westeingang. In der Ostwand zwei schmale, ca 30 cm breite Schallöcher erhalten. Erdgeschoß tonnengewölbt. Ein veränderter Rundbogen führt zum Schiff. In der

Südwand des Schiffes ein altes Rundbogenfenster erhalten, ein vermauertes im Chor. Erhalten auch die Pfarrtür mit rundbogigem Tympanon aus einem Stein. An der Nordwand des Schiffes ein altes offenes und ein vermauertes Rundbogenfenster. Alle anderen Fenster erweitert. Kirche hat relativ hohe Mauern und entsprechend hochgelegene Fenster. Beidseitig wurde später darunter eine weitere Fensterzone eingebrochen. Fugenritzungen an Apsis und Chor.

Arensberg

Um 1220. Breitturm, quadratisches Schiff, eingezogener Chor. Große, sorgfältig behauene und lagerhaft in reichlich Mörtel geschichtete Granitsteine, Fugenritzungen, scharfkantige Eckgewände am Turm. Über dem Turm Satteldach, kein Zugang von außen, die Lichtschlitze in den Schmalseiten des Erdgeschosses in rechteckige Fenster umgewandelt. Giebel erneuert. Westwand wird durch einen aus Backstein hochgeführten Stützpfeiler gehalten, rundbogige Schallöffnungen (2:1), Erd- und 1. Obergeschoß mit einer Findlingstonne. Turm bündig mit dem Schiff. An der Nordseite rundbogige Pfarrtür und Rundbogenportal zum Schiff erhalten. Chor kreuzgratgewölbt, rundbogiger Triumphbogen, aber Spitzbogen zum Turmerdgeschoß.

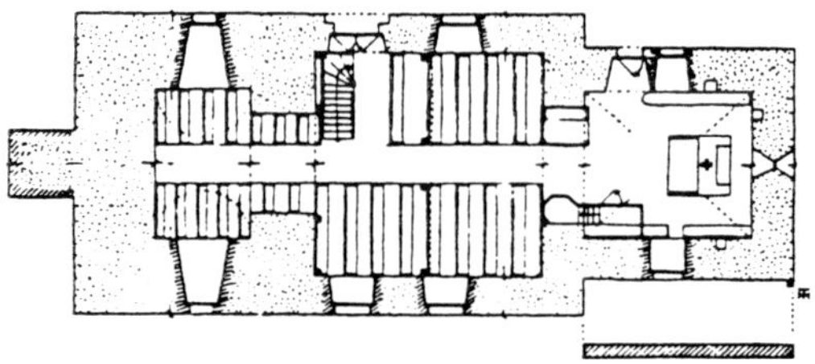

Arnim

Ende 12. Jahrhundert. Breitturm, Schiff, eingezogener Chor. Granitsteine lagerhaft gesetzt. Turm mit Satteldach, gekuppelte Schallöffnungen (2:1), Zugang zum 1. Obergeschoß durch eine große Einsteigetür in der Westwand, Stahltreppe außen modern, ebenso der Südeingang (1904), Erdgeschoß mit Findlingstonne, 1. Obergeschoß Backsteintonne, alle ursprünglichen Fenster und Portale erhalten, Schiff und Chor kreuzgratgewölbt. Das Turmerdgeschoß diente der Familie Woldeck bis 1904 als Gruft, in diesem Jahr durch einen breiten Rundbogen zum Schiff geöffnet.

Baben

Anfang 13. Jahrhundert. Breitturm und Schiff, Apsis von 1910, ebenso das Westportal. Stark ausgebessertes Granitmauerwerk, im Turmerdgeschoß große, gespaltene Steine relativ lagerhaft verarbeitet, darüber größere und kleinere Steine in unregelmäßiger Schichtung, Eckgewände aus Backstein (27 x 13,8 cm), Schallöffnungen verändert, spitzbogig gekuppelt unter Flachbogen, Leibungen und Zwischenpfeiler Backstein (28 x 13,9 cm). Backsteintonne über dem Erdgeschoß, Satteldach, Lichtschlitze. Turm öffnet sich zum Schiff mittels eines 2,76 m breiten Rundbogens. Fenster des Schiffes und Chores 1725 verändert.

Badingen

Erste Hälfte 13. Jahrhundert. 1853 umgebaut; Breitturm, Schiff, Chor. Sorgfältiges Mauerwerk. Mächtiger Breitturm (13,20 x 7,20 m), abgestuftes Westportal von 1853, zur gleichen Zeit breiter Durchgang durch Einfügen eines Pfeilers zugunsten einer Treppe zur Empore eingeschränkt, Erdgeschoß mit einer Findlingstonne gewölbt. In der Glockenstube paarige Spitzbogenfenster in Backsteinblende, Satteldach. Das steile Dach des Schiffes und Chores 1853 durch ein flacheres ersetzt und Wände durch einige Backsteinschichten erhöht, sämtliche Fenster verändert. Auf beiden Seiten des Schiffes ein vermauertes Rundbogenportal. In der Nordwand des Chores eine ursprüngliche Pfarrtür mit abgestuftem Gewände und Kämpfergesims. Friedhof mit einer Findlingsmauer umgeben. Weitere Restaurierung 1963. Ort 980 als “waddingo” genannt - nordschwäbisch.

Beelitz

1204 genannt. Schiffeingezogener Chor, darüber Turm-Apsis. 1749 Turm und Dach erneuert, weitere Restaurierungen 1912 und 1968. Moderner Westeingang, ebenso alle Fenster bis auf das in der Apsis (ursprünglich erweitert, aber 1912 wieder hergestellt). Turm wahrscheinlich spätgotisch mit Walmdach, Backsteingewände und Stichbogenöffnungen. Dabei Chor mit Stützpfeilern an den Ostecken versehen. Schiff und Chor sorgfältiges Mauerwerk, Westwand des Schiffes fast gänzlich in Backstein, Turm unregelmäßige Mauerung. Südportal des Schiffes und Pfarrtür an derselben Seite vermauert.

Beese

Um 1200; Schiff und Apsis. Unregelmäßiges Mauerwerk. Auf dem Westteil des Schiffes Fachwerkturm. Der massive Westgiebel diente ursprünglich als Glockenträger. An der Nordseite zwei vermauerte Rundbogenportale. Alle Fenster bis auf das in der Apsis verändert.

Belkau

Ende 12. Jahrhundert. Breitturm, Schiff, eingezogener quadratischer Chor, Apsis. Innenerneuerung 1651-1661, weitere Veränderungen 1913 und 1930. Nicht besonders sorgfältiges Mauerwerk, an Chor und Apsis breite Fugenritzung erhalten, unter der Schiffstraufe an der Nordseite Rest eines Putzfrieses. Eckgewände des Turmes oberhalb der Schiffstraufe in Backstein, ebenso die rundbogigen Schallöffnungen mit zurückgesetzten Kämpfern, Verteilung 2:1. Satteldach, in der Nordwand mehrere Lichtschlitze, schmaler Durchgang zum Schiff. An der Südseite des Schiffes Rundbogenportal mit Granitgewände und noch erhaltenem Sperrbalkenverschluß. Rundbogige Pfarrtür an der Chorsüdseite. In der Apsiswand ursprüngliches kleines Rundbogenfenster mit Granitgewände, alle übrigen Fenster vergrößert. Ort 1287 als "beekowe" genannt.

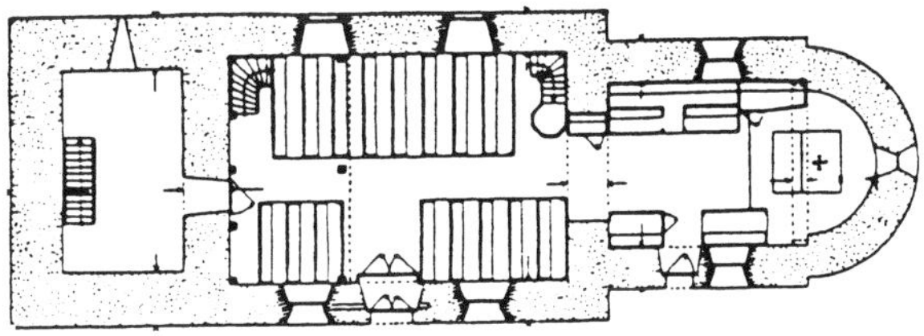

Bellingen

Erste Hälfte 12. Jahrhundert , nach Dehio Handbuch um 1200. Turm, Schiff, eingezogener Chor, Apsis. 1695 Umbauten, 1722-1731 hauptsächlich das Innere vollständig verändert, weitere Wiederherstellungsarbeiten 1881, 1900, 1966. Besonders sorgfältig ausgeführtes Mauerwerk, Steine behauen und lagerhaft geschichtet. Schiffsdach nachträglich flacher ausgeführt, so daß der First von Schiff und Chor fast in einer Ebene liegt. Turm abgesetzt (7,00 x 8,00 m), 3,35 m schmaler als das Schiff. An der Südseite Rundbogeneingang zum Turm. Je zwei spitzbogige Schallöffnungen, deren unteres Drittel zugemauert ist. Giebel später. Erdgeschoß tonnengewölbt, Verbindung zum Schiff durch eine schmale Tür mit geradem Sturz. Auf der Südseite im Schiff und Chor die alten Rundbogeneingänge erhalten, ebenso Apsisostfenster, alle anderen erneuert. Ort 1121 als "ballige" im Güterverzeichnis des Klosters Schöningen genannt.

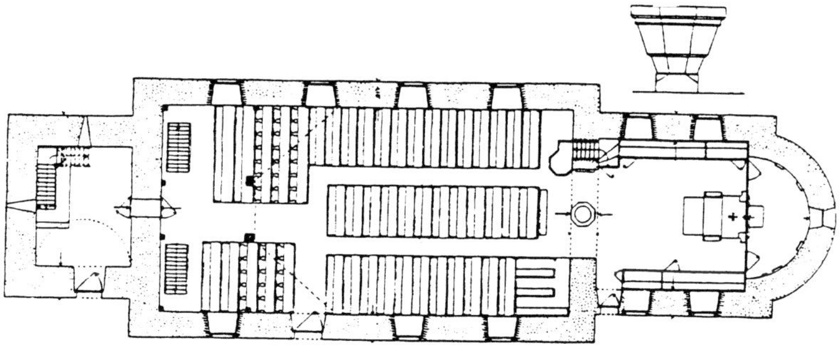

Benkendorf

Ende 12. Jahrhundert. Ursprünglich nur Schiff und Chor, wenig später über Schiffswestteil Breitturm gesetzt, Satteldach zwischen Giebeln. Sorgfältiges Mauerwerk, Schallöffnungen teilweise verändert und mit Backsteinleibungen, ebenso darunter liegende Öffnung in der Nordwand. Rundbogiges Nordportal im Schiff vermauert, Fenster verändert, aber die ursprünglichen noch erkennbar,

Bertkow

Um 1140. Breitturm. Schiff, eingezogener Chor, Apsis. Instandsetzungsarbeiten in der 2. Hälfte des 19. Jahrhunderts und 1934. Kirche liegt erhöht inmitten des Dorfes. Steinsichtig verputzter Feldstein, gut gearbeitete Eckquader, Stürze der alten Rundbogenportale und Fenster aus zugehauenen Granitsteinen, die spitzbogigen Schallöffnungen dagegen mit Backstein. Die ursprünglichen Fenster nach unten verlängert. Portal an der Chorsüdseite mit Tympanon. Turm mit Satteldach, Glockenstube aus kleinteiligerem Mauerwerk, wohl ähnlich Erxleben (s.d.) später aufgesetzt. An der Westseite in halber Höhe ein Mauerrücksprung, moderner Westeingang, in der Westwand Lichtschlitze, ein weiterer dicht am Schiff in der Südwand, Backsteintonne im Erdgeschoß. Obergeschoß vom Schiff aus über die Empore durch eine Treppe in der Mauer zugänglich. An der Kirche teilweise noch Reste einer alten Fugenritzung.

Biesenthal

Ende 12. Jahrhundert. Veränderungen und Restaurierung 1688, 1704, 1866 und 1965. Breitturm, Schiff, eingezogener Chor. Gut behauene Eckgewände, aber Mauerwerk nicht mehr mit der klaren Lagerung. Fenster größtenteils barock verändert. Turm mit Satteldach und Reiter, kein Zugang von außen, keine Lichtschlitze, Leibungen und Zwischenpfeiler der Schallöffnungen aus Backstein, Stützpfeiler, Ostwand 1,46 m, Westwand dagegen nur 0,75 m. Erdgeschoß tonnengewölbt, später für eine Holztreppe durchbrochen. Ursprünglicher Zugang zum 1. Obergeschoß über eine Treppe in der Ostmauer vom Schiff aus. Zum Schiff großer Spitzbogen. Ort 1375 genannt.

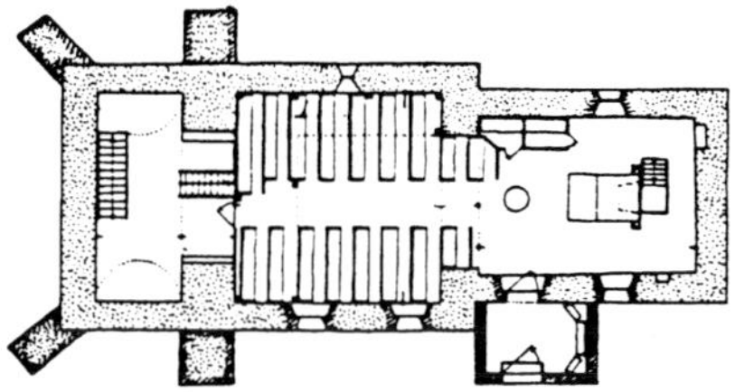

Binde

Um 1200. Breitturm. Schiff, eingezogener Chor. 1793-94 Instandsetzung des Turmes, 1866 Erweiterung der Fenster und des Portals, 1909 Renovierung des Innenraumes. Große, gut behauene Steine lagerhaft vermauert, teilweise mächtige Eckquader. Die oberen Geschosse des Turmes waren ursprünglich nur durch eine Einsteigetür in der Südseite zugänglich. Rundbogige Schallöffnungen später erweitert. In den Schmalseiten des Erdgeschosses je ein Lichtschlitz, der südliche später verändert. Erdgeschoß war mit einer Findlingstonne überwölbt, die aber durch einen Blitzschlag 1793 zerstört wurde. Auf der Südseite des Chores eine abgetreppte rundbogige Pfarrtür mit Backsteinwölbung. Im Chor noch zwei alte Fenster erhalten. Chor kuppelartig kreuzgratgewölbt (Feldsteinguß), mächtiger Triumphbogen zwischen Chor und Schiff. Ort 1184 als "binden" genannt; 1541 "bindow" .

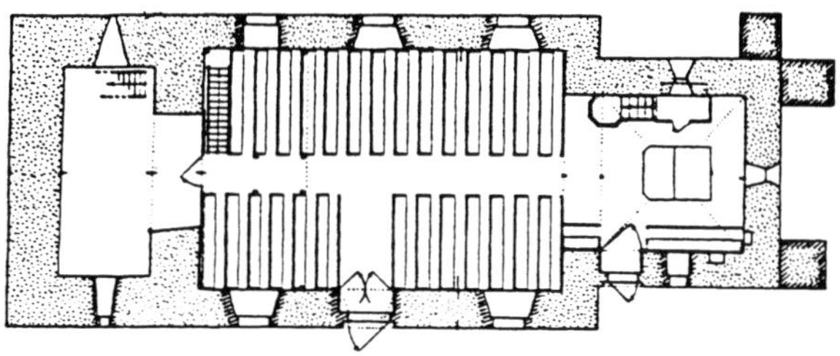

Borstel

Mitte 13. Jahrhundert. Kirche liegt auf einer Anhöhe am Nordrand des Ortes. Ursprünglich Breitturm, Schiff und eingezogener Chor. Die Kirche ist vollständig gewölbt, im Westteil des Schiffes alte kuppelartige Kreuzgewölbe aus Findlingssteinen, die anderen jünger und aus Backstein. Im Turmerdgeschoß eine Findlingsstonne. 1858 Um- und Erweiterungsbau, dabei der Chor abgebrochen und das Schiff verlängert, Apsis mit 5/8-Schluß, im Turm Westportal eingebrochen, ebenso Durchgang zum Schiff und die Fenster verändert, das Südportal des Schiffes zugemauert und in ein Schlitzfenster umgewandelt. Das Glockengeschoß des Turmes in Fachwerk von 1795. Ins Obergeschoß gelangte man ursprünglich durch eine Einsteigetür, die jetzt vermauert ist, saubere Eckgewände unter Verwendung großer Steine. Mauertechnik in den einzelnen Geschossen unterschiedlich. Westmauer 2,05 m, Innenmauer 1,50 m, Innenraum des Erdgeschosses 2,50 m breit. Eine Findlingsmauer umschließt den Friedhof, an mehreren Stellen eingefallen. Ort gehörte 1150-70 zum Domkapitel Havelberg.

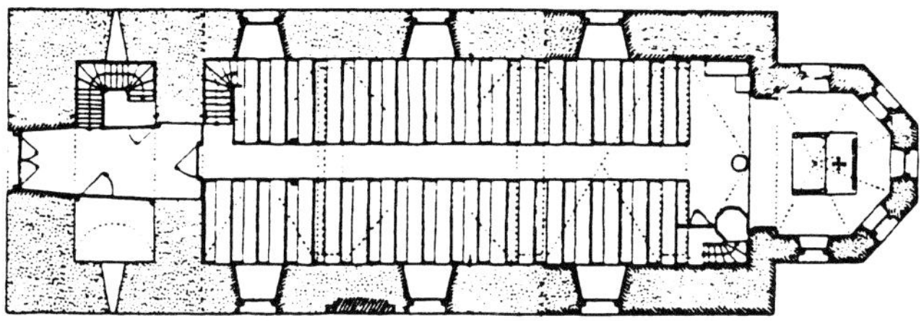

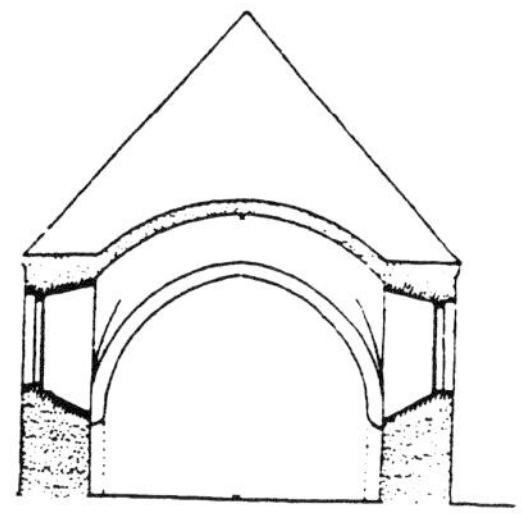

Bretsch

Ende 12. Jahrhundert. Breitturm, Schiff und rechteckiger Chor mit Sakristei. Anfang 20.Jahrhundert Südportal eingebrochen und das alte Nordportal geschlossen. Lagerhaft verfugtes Mauerwerk mit späteren Ausbesserungen. Einer der mächtigsten Breittürme in der Altmark. In den Obergeschossen wurde das Mauerwerk nachträglich verstärkt, gekuppelte, spitzbogige Schallöffnungen, deren Leibungen aus Granit, die Wölbungen dagegen aus Backstein (Erneuerungen des 13. Jh.?), Verteilung 2:1. Erdgeschoß dient als Gruft, die von drei Lichtschlitzen beleuchtet wird. Auf dem Satteldach Dachreiter von 1596. Um Schiff und Chor zieht sich ein Backsteinfries. Im Ostgiebel des Schiffes rundbogige Schlupftür zum Dachboden des Chores. Friedhofsmauer aus Findlingen, mit Platten abgesetzt und 1834 erneuert.

Buchholz

Um 1140. Breitturm. Schiff, eingezogener Chor, Apsis. Die Kirche liegt inmitten des Straßendorfes auf einer westlichen Anhöhe. Reparaturen 1769 und 1817, Erneuerung 1887 und 1954. Nicht besonders sorgfältig hergestelltes Mauerwerk - vor allem am Turm. Unter dem Dach der später angebauten Bahrenkammer ist noch der ursprüngliche steinsichtige Putz mit Fugenritzung sichtbar. Glockengeschoß etwas später aufgesetzt, mit Walmdach, rundbogige Schallöffnungen, teils vermauert bzw. im unteren Drittel geschlossen, Verteilung 4:2. Erdgeschoß weder von innen noch von außen zugänglich, auch keine Lichtschlitze in diesem Geschoß, in der Westwand des 1. Obergeschosses eine vermauerte Einsteigetür erkennbar, innen noch die Sperrbalkenvorrichtung sichtbar. Der Einsteigetür gegenüber befindet sich ein Zugang zum Schiff. An der Nordwestecke wird der Turm durch einen Pfeiler gestützt. An der Südseite des Schiffes ein Rundbogenportal, ein darüber liegendes Rundbogenfenster, sowie ein Rundfenster neben dem Eingang ebenso erhalten wie die Fenster in der Nordwand, zwei Fenster in der Südwand wurden erweitert. Der Chor besaß ursprünglich auf jeder Seite ein kleines Rundbogenfenster; Apsisfenster vermauert und daneben ein großes eingebrochen. Ort 1254 als "bocholte" genannt.

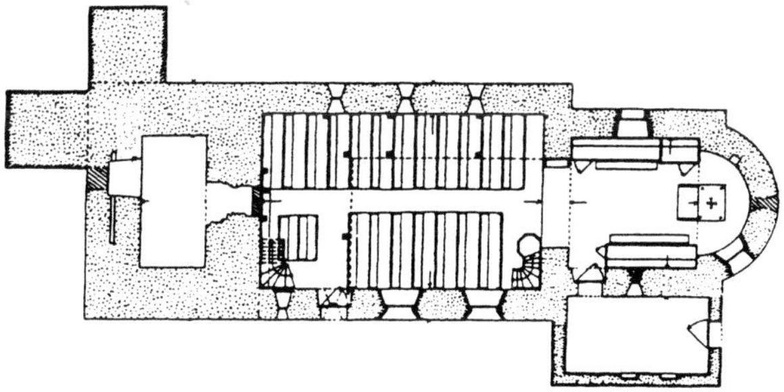

Bühne

Um 1200. Breitturm, Schiff, eingezogener Chor, Apsis. Die Kirche, von einer Findlingsmauer umgeben, liegt auf einer kleinen Anhöhe. Relativ lagerhaftes, kleinteiliges Mauerwerk. Turm über dem 1. Obergeschoß jünger: große gespaltene Findlinge, lagerhaft versetzt, scharfkantiges Eckgewände aus großen Feldsteinen aufgeführt. Ursprünglicher Westeingang, darüber im 1. Obergeschoß ein Rundfenster, große, rundbogige Schallöffnungen mit Backsteinwölbung jünger, in der Nordwand ein ursprüngliches erhalten, Verteilung 2:1, Satteldach mit achteckigem Reiter von 1876. An der Südseite von Schiff und Chor je ein Rundbogenportal erhalten, ebenso auf jeder Seite zwei Fenster.

Bülitz

Zweite Hälfte 12. Jahrhundert. Schiff, eingezogener Chor, Apsis. Sehr sorgfältig ausgeführtes Mauerwerk, besonders die Gewände. An der Südseite des Schiffes abgetrepptes Rundbogenportal mit Kämpfergesims, erhalten ebenfalls die rundbogige Pfarrtür in der Südwand des Chores. Alle Fenster barock verändert, das in der Apsis vermauert. Triumph- und Apsisbogen auf Kämpfergesims. Ort 1326 als "bulitz" genannt.

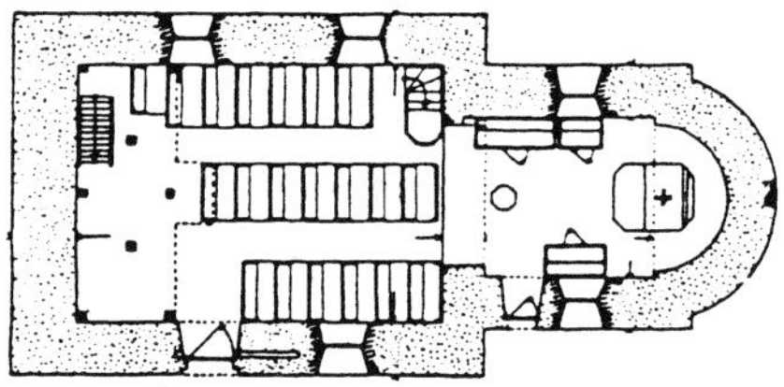

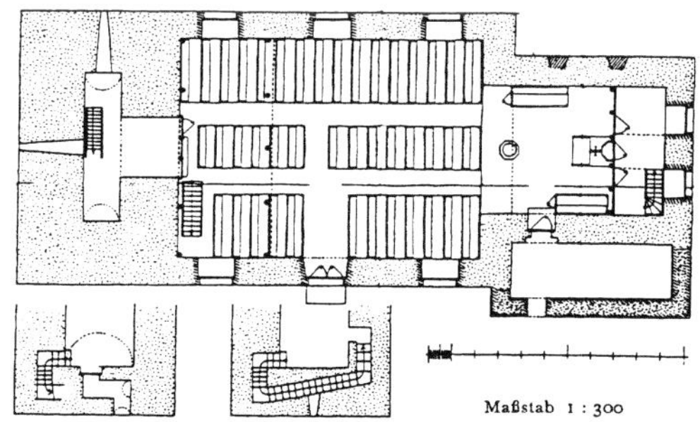

Büste

Ende 12. Jahrhundert. Breitturm, Schiff, eingezogener Chor; restauriert 1829 und 1914. Ziemlich sorgfältiges Mauerwerk. Turm 11,97 x 6,80 m. Kein Zugang von außen in das nur 1,53 m breite und mit einer Findlingstonne überwölbte Erdgeschoß. Zugang in das ebenfalls gewölbte 1. Obergeschoß nur durch eine in 10 m Höhe liegende Einsteigetür in der Südwand (dem Dorf zugekehrt). Der Durchgang ist hakenförmig angelegt, um ein Eindringen feindlicher Geschosse zu verhindern. Der Zugang war mit Anschlag und Sperrbalkenverschluß versehen. Breite des Obergeschosses 3,00 m. Von diesem Geschoß führt eine schmale Treppe innerhalb der Mauer in das 2. Obergeschoß. Dabei erfolgt der Zugang in der Westwand und führt über die Südwand in die Ostwand. Im Schiff zwei rundbogige Granitportale, ebenso die Pfarrtür auf der Südseite des Chores. Bis auf ein Ostfenster alle erneuert. Gut erhaltene Quaderfugenritzung mit breiten, horizontalen und doppelten aber schmalen senkrechten Fugen. Ort 1318 als "buzst" genannt.

Dahlen

Ende 12. Jahrhundert. Breitturm, Schiff, eingezogener Chor. 1728-38 restauriert und umgebaut. Sauber gearbeitetes Mauerwerk, breite Fugenritzungen, am Ostgiebel auf steinsichtigem Putz Doppelritzung.

Erdgeschoß des Turmes mit einer Backsteintonne überwölbt. In Emporenhöhe eine Tür zu einer innerhalb der Mauer verlaufenden Treppe zum Obergeschoß. Gekuppelte Schallöffnungen mit Backsteinblende, Satteldach. Zum Turmerdgeschoß führte vom Schiff aus eine Flachbogentür, es diente wohl ursprünglich sakralen Handlungen (verputzt und bemalt - weiße Fugen auf rotem Grund, Nischen in der Westwand). Schiff und Chor später um einen halben Meter erhöht. Fenster verändert, am Chor Stützpfeiler hinzugefügt. Kirche noch heute durch 2 rundbogige Granitportale zu betreten, über dem südlichen ursprüngliches Rundbogenfenster, am Nordportal noch die Sperrbalkenverriegelung vorhanden, erhalten auch am Chor die alte, aber veränderte Pfarrtür und ein romanisches Fenster, alle anderen barock verändert. 1236 wird ein "Ritter von Dahlen" genannt.

Dambeck

Ende 12. Jahrhundert; Breitturm, Schiff, eingezogener Chor, Apsis. Kirche zum größten Teil im ursprünglichen Zustand erhalten. Relativ lagerhaftes Mauerwerk. Mächtiger Breitturm mit gekuppelten Schallöffnungen, ohne Eingang von außen. In der Westwand des 1. Obergeschosses vermauerte Einsteigetür. Abgetrepptes, rundbogiges Granitportal in der Schiffsnordwand und rundbogige Pfarrtür. Fenster verändert, mehrere Veränderungen an der Turmsüdwand (spätere Öffnungen in Backstein, die aber wieder geschlossen wurden.

Dankensen

Um 1200; Breitturm. Schiff, eingeschobener Chor. Gute Mauertechnik. Kirche liegt auf einer Anhöhe im Dorf. Ursprünglich wohl nur einteilige Kirche (Schiff), Turm im 15. Jahrhundert angebaut, Chor noch in Romanik hinzugefügt, dabei grober Triumphbogendurchbruch. Fenster im wesentlichen noch im ursprünglichen Zustand, in der Nordwand des Turmes Eingang mit Backsteingewände und Flachbogen. Turm westseitig modern steinsichtig verputzt, Dachreiter über Walmdach. Sockelzone mächtige Granitsteine, (1 x 1 m). In Schiffsnordwand ein abgetrepptes Rundbogenportal in Backstein und mit Kämpferprofilen.

Dequede

Ende 12. Jahrhundert. Schiff und Chor, der im 18. Jahrhundert auf Schiffsbreite gebracht wurde, in dieser Zeit auch Fachwerkturm aufgesetzt. Etwa gleichgroße, unregelmäßig behauene Granitsteine, breite Lagerfugen, wenig einbindende Eckquader. Vermauertes Feldsteinportal mit Backsteinkapitell in der Schiffsnordwand, Fenster verändert. Moderner Eingang an der Südseite.

Dessau

Erste Hälfte 13. Jahrhundert. Breitturm, Schiff und eingezogener Chor. 1. Hälfte 19. Jahrhundert umfangreiche Instandsetzungsarbeiten, weitere 1956. Unsauber gearbeitetes Mauerwerk unter Mitverwendung von Backstein, rund- und spitzbogige Öffnungen, rundbogige Schallöffnungen mit Granatgewände, spitzbogiges Westportal Backstein, tief heruntergezogenes Kreuzrippengewölbe über dem Chor. Fenster im 19. Jahrhundert verändert (Korbbögen, geputzte Gewände), in der Ostseite des Chores eine spitzbogige Pfarrtür mit Backsteinrahmung vermauert, an gleicher Seite ebenso ein Fenster. Im Innern ist noch die alte Eichenholztür mit Holzschloß, Sperriegel und Sperrbalken erhalten.

Döbbelin

Zweite Hälfte 12. Jahrhundert. Breitturm und Schiff. Die Kirche weist im Westteil einen rechteckigen Raum aus, der nicht als Turm ausgeführt wurde. An den gegenüber dem Schiff stärkeren Mauern ist zu erkennen, daß ein Turm vorgesehen war. Der Raum ist mit einem hochbusigen Ziegelgewölbe versehen und dient als Gruft. Zugang vermauert, in der Südwand schmales Rundbogenfenster. 1747 Schiff verlängert, dabei wohl auch Fachwerkturm gesetzt. Auf der Südseite des Schiffes romanisches Rundbogenportal, zwei vermauerte Rundbogenfenster in der Nordwand, hier noch die alte breite Fugenritzung vorhanden. 1160 verfügt in D. das Ludgerikloster in Helmstedt über Besitz.

Dobberkau, Krs. Stendal

Anfang 13. Jahrhundert; Breitturm, Schiff, eingezogener Chor. Kirche 1638 ausgebrannt, 1645-48 wiederhergestellt, 1852 erneuert. Sorgfältige Mauertechnik mit gut gearbeiteten Eckgewänden. Im Turm ursprünglicher Eingang mit abgetrepptem Gewände, rundbogige Schallöffnungen verkleinert, Verteilung 2:1. Im Erdgeschoß Tonnengewölbe, durch einen Rundbogen mit dem Schiff verbunden. Das Obergeschoß war ursprünglich von der Empore aus durch einen in der Südwestecke des Schiffes befindlichen Zugang erreichbar. Satteldach. Erhalten sind die rundbogige Pfarrtür und drei Fenster im Chor. Alle anderen Öffnungen verändert. Ort 1375 als "dobberkowe" genannt.

Dobbrun

Um 1140; Breitturm, Schiff, eingezogener Chor, Apsis. Die Kirche liegt auf einer kleinen Anhöhe am Südrand des Dorfes. An dieser Stelle soll sich eine heidnische Opferstätte befunden haben. Sorgfältige Mauertechnik, größere zugehauene Feldsteine in breiter Verfugung, Steine des Eckgewändes am Turm ca.

60 x 40 cm. Bis auf das Apsisfenster im 19. Jahrhundert alle Öffnungen verändert. Wuchtiger Turm mit nichtgewölbtem Erdgeschoß, das durch einen großen Rundbogen mit dem Schiff verbunden war, jetzt auf Türbreite verengt. Kein Zugang zum Turm von außen, in den Schmalseiten des Erdgeschosses je ein Lichtschlitz. Obere Teil des Turmes in Backstein des 14. oder 15.Jahrhunderts mit spitzbogigen Schallöffnungen. Vermauerte Portale und Fenster noch erkennbar.

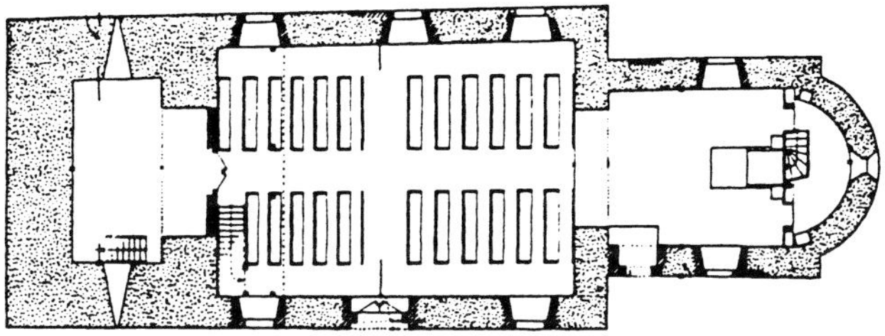

Döllnitz

Um 1200. Quadratischer Turm, Schiff, eingezogener Chor. Erneuerungen: Turmoberteil 1844, weitere Mitte 20. Jahrhundert. Chor mit gekuppeltem Kreuzgratgewölbe. Öffnungen bis auf drei Fenster in der Ostwand verändert.

Düsedau

Vermutlich Ende 12. Jahrhundert, aus dieser Zeit der Turm erhalten, Schiff und Apsis von 1869. Die Kirche liegt auf der höchsten Erhebung des ehemaligen Rundlings. An dieser Stelle wird eine ehemalige heidnische Kultstätte angenommen. Der untere Teil des Turmes und die westlichen Schiffsmauern weisen die gleiche waagerechte Lagerung nahezu gleichgroßer Steine auf. Oberteil des Turmes kleinteiligeres Mauerwerk mit gekuppelten Schallöffnungen in teils rundbogigen, teils spitzbogigen Nischen, Satteldach. Westeingang ebenfalls von 1869, dabei auch den großen Durchgang zum Schiff verengt.

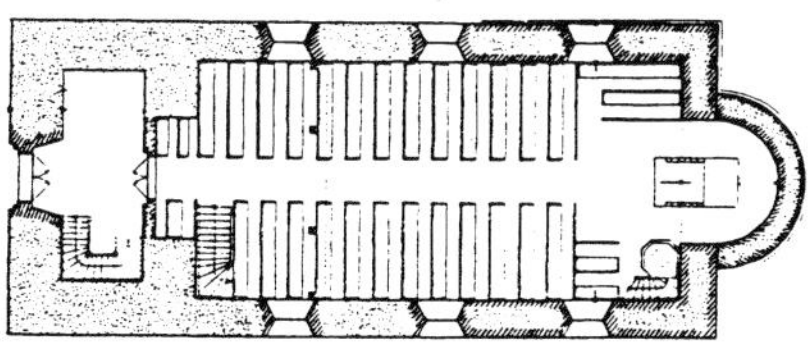

Falkenberg

Mitte 12. Jahundert. Anfang 13. Jahrhundert; Breitturm, Schiff, eingezogener Chor, Apsis. Ältester Teil vermutlich der östliche Teil des Schiffes, der Chor und die Apsis. Der westliche Teil des Schiffes und der Turm in Backstein. Giebel des Chores 1869 in Backstein, ansonsten das Mauerwerk von Chor und Apsis aus Feldstein mit zum Teil 55 cm hohen scharfkantig behauenen Eckquadern, Schiff und Turm haben Feldsteingrundmauern, der östliche Teil des Schiffes bis zum ersten östlichen Fenster ebenfalls Feldstein. 1868-72 Restaurierungen, dabei Fenster erweitert und Eingänge geschlossen und Rundbogen zum Chor vergrößert.

Fleetmark

Ende 12. Jahrhundert. Aus dieser Zeit der größte Teil des Breitturmes, ansonsten wurde die Kirche 1883 grundlegend verändert. Turm Granitmauerwerk bis Mitte des 2. Obergeschosses in ziemlich sauberer Lagerung, bis hier auch noch bündig mit dem Schiff. Oberbau mit großen und kleinen Steinen unter Verwendung von reichlich Mörtel, scharfe Eckgewände, Satteldach und Reiter. Rundbogig gekuppelte Schallöffnungen (2:1), modernes Westportal, Einsteigetür in der Südmauer zum 1. Obergeschoß, Schlitzfenster in der Nordmauer des Erdgeschosses in ein rundbogiges Fenster erweitert mit Backsteinleibung, ein verkleinerter Rundbogen führt zum Schiff. Erdgeschoß tonnengewölbt.

Flessau

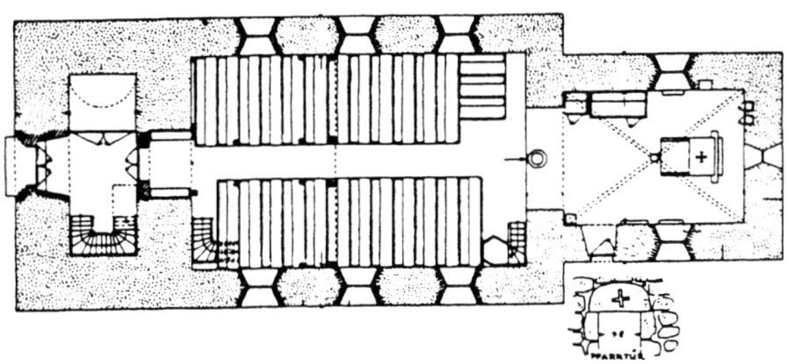

1230 durch Bischof Wilhelm von Havelberg geweiht. Breitturm, Schiff, eingezogener Chor. Kirche liegt auf einer kleinen Anhöhe; breit verfugtes Granitmauerwerk, gut behauene Eckquader; restauriert 1958. Hoher Breitturm mit Satteldach zwischen massiven Giebeln mit Reiter, gekuppelte rundbogige Schallöffnungen mit Backsteinleibungen in großen Rundbogennischen mit zum Teil noch Feldsteingewände. Westeingang von 1866, Erdgeschoß tonnengewölbt, Zugang zum Schiff nachträglich verkleinert. Mauerstärke 2,08 m, Breite des Innenraumes 2,52 m., Schiffswände dagegen 1,42 m breit. Südportal vermauert und Fenster bis auf eins in der Ostwand barock vergrößert. Kreuzrippengewölbe im Chor 15. Jahrhundert. Der Triumphbogen besitzt kräftige romanische Kämpfer.

Gagel

Anfang 13. Jahrhundert. Breitturm, Schiff und eingezogener Chor. Neue Weihe 1517 überliefert, Glockengeschoß 2. Hälfte 17. Jahrhundert in Fachwerk erneuert, weitere Wiederherstellungsarbeiten 1788-91, 1892 Fachwerkaufbau abgerissen und durch Backstein ersetzt, 1896/98 Turmeingang eingebrochen, am Chor einen Strebepfeiler gesetzt und das Innere renoviert - weitere 1934. Mauertechnik: etwa gleichgroße Granitsteine lagerhaft geschichtet unter Verwendung von Ziegelbrocken. Mauerwerk des Turmes im unteren Teil nicht so sorgfältig wie das des Chores und Schiffes. Da die Turmwestmauer schwächer als die Schiffswand ist, ist zu vermuten, daß der Turm später angefügt wurde. Dafür spricht auch die Rundbogentür mit Sperrbalkenvorrichtung in der Westwand des Schiffes (wohl ursprünglicher Eingang), Innere des Erdgeschosses 2,20 m breit. In der Südwand des Schiffes einfach abgetrepptes Rundbogenportal, innere Leibung Backstein. Vier Fenster und die Pfarrtür im Chor sind ursprünglich, Bogen der Pfarrtür in Backstein (wird A.13. Jh. in der Altmark üblich). Großer Triumphbogen mit Kämpfer aus Platte und Schmiege in Granit, Bogen dagegen Backstein.

Garlipp

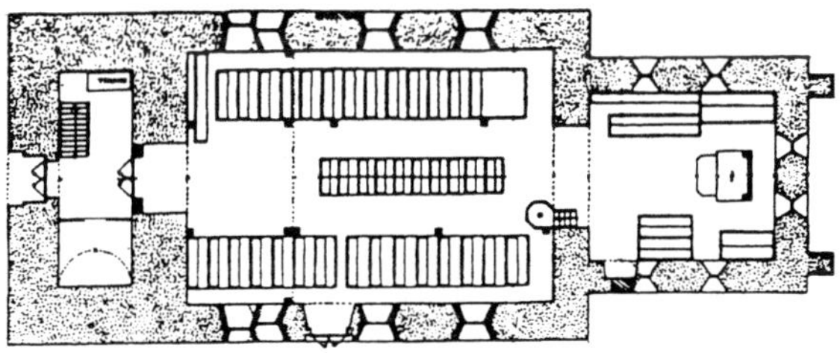

Ende 12. Jahrhundert. Breitturm, Schiff und eingezogener Chor. Ausbesserungen 1710, dabei Fenster erweitert, Wiederherstellungsarbeiten 1815/16 (u.a. Turmgiebel in Backstein hochgezogen und mit Filialen versehen) und 1908/10. Sorgfältiges Feldsteinmauerwerk, sämtliche Gewände und Öffnungen in Granit, Portale mit Kämpfergesims. Schallöffnungen im Turm spätgotisch, Westeingang ursprünglich. Erd- und 1. Obergeschoß tonnengewölbt. Zugang zum Obergeschoß vom Schiff aus. Im Schiff zwei Portale, das nördliche vermauert, das südliche offen, aber spitzbogig. Fenster noch in ursprünglicher Form. Rundbogige Pfarrtür in der Südwand zugesetzt. Triumphbogen mit romanischen Kämpfern. Ort 1188 als "Garlip" genannt.

Genzien

Anfang 13. Jahrhundert. Breitturm, Schiff und eingezogener Chor. 1778-84 Instandsetzungsarbeiten am Turm, dabei Glockengeschoß in Fachwerk mit Satteldach. Erweiterung der Fenster im 19. Jahrhundert, 1909 Turmerdgeschoß als Erweiterung des Schiffes verändert. Sehr gleichmäßiges Granitmauerwerk, zum größten Teil steinsichtig neu verputzt, doppelte Fugenritzung zum Teil noch am Chor erhalten, Gewände der Öffnungen aus Granit, Bögen aus Backstein. Spitzbogiger, einfach abgetreppter Westeingang mit Feldsteingewände und Backsteinbögen. Im Erdgeschoß mit Kreuzrippengewölbe Schiffsmauern vermutlich später erhöht. Von den ursprünglichen Fenstern nur noch das in der Chorostwand erhalten (Rundbogen, mit Backstein gemischt), Pfarrtür an der Südseite gotisch erneuert (Backsteingewände).

Gladigau

Um 1200. Breitturm, Schiff und eingezogener Chor, Turm über dem 1. Obergeschoß schmaler als das Schiff. Unregelmäßige Mauerung unter Verwendung von Ziegelbrocken, unsauberes Eckgewände, breite Verfugung. Instandsetzungsarbeiten 1719. Turmmaße:10,50 x 6,60 m bei 2,10 - 2,30 m Mauerstärke gegenüber 1,00 m des Schiffes. Innenraum des Erdgeschosses 2,18 m breit. Lichtschlitze, die über dem 1. Obergeschoß in Rundbogenfenster verwandelt. Glockengeschoß durch ein gotisches ergänzt mit entsprechend spitzbogigen Schallöffnungen. Satteldach mit Reiter. Moderner Westeingang, schmaler Rundbogen zum Schiff bis auf eine Tür verengt. Auf der Nordseite des Schiffes und Chores die Rundbogenportale vermauert. Ein Fenster an der Ostseite des Chores ursprünglich, zwei in der Nord- und Südmauer des Schiffes vermauert, die übrigen erweitert. Die Gestaltung des Innenraumes geht auf das Jahr 1891 zurück, dabei wurden die Triumphbogenvorlagen erneuert.

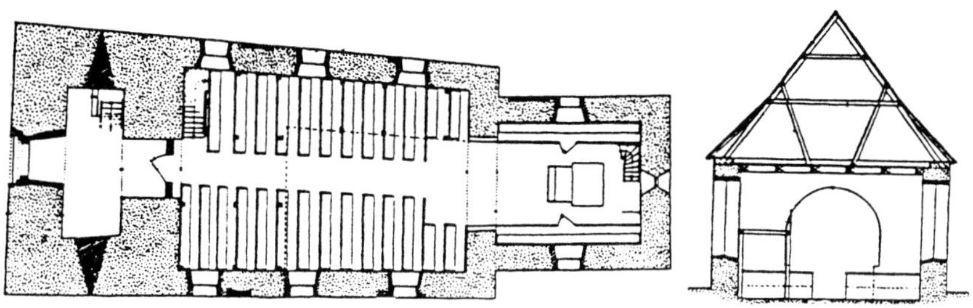

Gohre

Um 1140. Breitturm, Schiff, eingezogener Chor, Apsis. Restaurierungen 1714-1722 und 1860. Sauber gearbeitetes Granitmauerwerk. Hauptgesims in Backstein von 1860, dabei die Chormauern auf die Höhe der des Schiffes gebracht. Moderner Westeingang (Backsteingewände), bei der Vergrößerung des Rundbogens vom Turm zum Schiff wurde die Tonne im Turmerdgeschoß herausgeschlagen. Zugang zu den oberen Geschossen vom Schiff aus. An den Breitseiten sind die alten Rundbogenöffnungen erhalten, die in den Schmalseiten sind gotisch verändert. Das Nordportal des Schiffes und die Pfarrtür sind vermauert (Backsteinbögen). Tonnengewölbte Sakristei um 1860 abgebrochen. In der Apsis noch ein ursprüngliches Fenster, daneben ein jüngeres, flachbogiges. Alle übrigen Fenster um 1720 verändert (Korbbögen). Ort 1375 als "gor" genannt.

Grassau

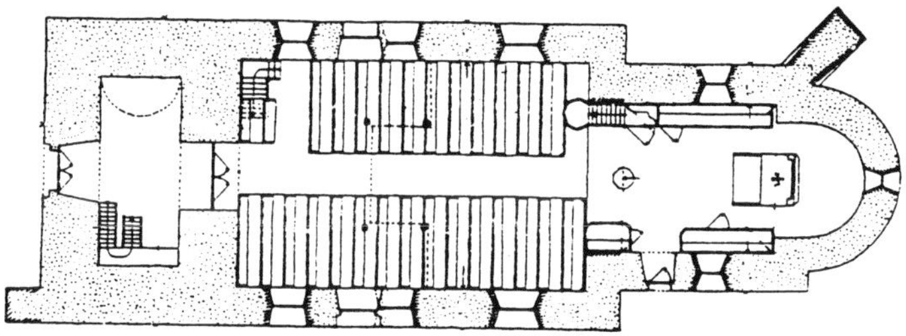

Mitte 12. Jahrhundert. Breitturm, Schiff, eingezogener Chor, Apsis. Restaurierungen 1884 und 1901. Sauber gearbeitetes Granitmauerwerk mit breiter Fugenritzung. An der SW-Ecke Stützpfeiler. Turm mit 2,00 m starker Mauer, ursprüngliches Westportal, abgetreppt. Rundbogige gekuppelte Schallöffnungen in teils runden, teils flachbogigen Nischen mit Backsteinwölbung, Mittelsäulen mit Würfelkapitell aus Backstein. Schallöffnungen in der Westwand teilweise zugesetzt. Satteldach. Im Erdgeschoß Tonne. Zugang zu den Obergeschossen vom Schiff aus, 2,30 m breiter Rundbogen zum Schiff. Auf jeder Seite des Schiffes ein in ein Fenster umgewandeltes Rundbogenportal, das südliche mit besonders sauber gearbeitetem Rundbogen auf Kämpfergesimsen, die alte Pfarrtür auf der Südseite des Chores noch in Benutzung, sonst alle Fenster rundbogig vergrößert. Zwischen Chor und Schiff ein rundbogiger Triumphbogen, im unteren Teil später verbreitert. Chor mit einem Kreuzgewölbe aus Granitsteinen. Ort 1238 als "grassowe" genannt.

Grävenitz

Zweite Hälfte 12. Jahrhundert. Breitturm, Schiff, eingezogener Chor, Apsis. Umfassende Restaurierung 1860. Saubere Mauerung mit breiter Fugenritzung in unregelmäßiger Linienführung, moderne Backsteingesimse. Kirche liegt auf einer leichten Anhöhe am Nordrand des Straßendorfes. Turm 8,86 x 5,75 m. Westeingang von 1860, Schallöffnungen spitzbogig, gekuppelt mit Zwischensäulen und Backsteinleibung, gotisches Satteldach. Im Erdgeschoß Findlingstonne, der ursprünglich 3,50 m breite rundbogige Durchgang zum Schiff bis auf eine Tür geschlossen. Zugang zu den Obergeschossen vom Schiff aus. Das Südportal des Schiffes, die Pfarrtür und die Öffnungen der Apsis zugesetzt und neue Fenster 1860 eingebrochen. Rundbogiger Triumphbogen auf kräftigem Kämpfergesims. Ort 1375 als "Grevenitze" genannt.

Groß Ballerstedt

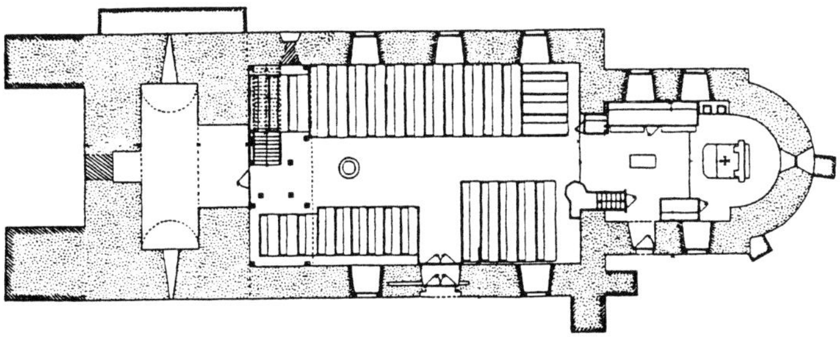

Zweite Hälfte 12. Jahrhundert. Breitturm, Schiff, eingezogener Chor und Apsis. Restaurierungen Anfang 18., Anfang 19. Jahrhundert und 1902. Kirche liegt auf einer Anhöhe am Nordwestrand des Dorfes. Gut behauene und gleichmäßig gelagerte Feldsteine. Saubere Eckgewände. Nordmauer des Turmes außen verstärkt, zwei starke Backsteinstützpfeiler halten die Westwand (18.Jh.). Im Glockengeschoß spitzbogige Nischen mit gekuppelten Schallöffnungen (Granit). Lichtschlitze in den Schmalseiten. In der Westwand scheint sich ursprünglich eine Schlupftür befunden zu haben. Erdgeschoß mit Backsteintonne, Rundbogendurchgang zum Schiff. Satteldach. Von den alten Fenstern im Schiff sind nur zwei in Emporenhöhe erhalten, alle anderen im 19. Jh. verändert. Auf der Südseite das romanische, zweifach abgetreppte Portal noch vorhanden, ebenso in der Südmauer des Chores die romanische Pfarrtür, zwei alte Fenster in rechteckige umgewandelt, ein kleines romanisches Fenster in der Ostwand der Apsis. Zwei niedrige Strebepfeiler aus Backstein sichern das Mauerwerk der Apsis.

Groß Möringen

Erste Hälfte 12. Jahrhundert. Breitturm, Schiff, eingezogener Chor, Apsis. Turm 1. H.19. Jh. durch Blitzschlag beschädigt. Wiederherstellungsarbeiten 1924/25. 1353 erteilte das Kardinalskollegium in Avignon für die dem St. Leonhard geweihte Kirche einen Ablaß. Sauber ausgeführte Mauerung, Gewände und Bögen werksteinmäßig bearbeitet. Turm 12,20 x 7,67 m mit 4,12 m starken Mauern an den Schmalseiten. Westwand, in der sich ein vermauertes ursprüngliches Portal befindet (mit Sperrbalkenverschluß), ca. 2,00 m stark. Dadurch schmaler längsgerichteter Innenraum mit Tonne. Durchgang zum Schiff bis auf eine Tür später vermauert. Das Satteldach wurde 1925 durch ein Walmdach ersetzt. Rundbogig gekuppelte Schallöffnungen mit Backsteinsäulchen, davon eine ursprüngliche mit Würfelkapitell erhalten, alle anderen später, Verteilung 2:1. Die Südwestecke des Turmes wird durch einen Stützpfeiler gehalten. In der Südwand eine Einsteigetür zu den Obergeschossen, ein weitere Zugang liegt in der Nordwestecke des Schiffes. Das 1. Obergeschoß kann als Kapelle gedient haben, da sich in der Ostmauer eine große Nische befindet (für einen Altar ?). Der Raum wird durch einen Lichtschlitz in der Nordwand beleuchtet, außerdem in friedlichen Zeiten Lichtzufuhr durch die Einsteigetür. Im Schiff und Chor sind die ursprünglichen Fenster zum größten Teil erhalten, ebenso das zweimal abgetreppte Hauptportal in der Südwand. Rundbogiger Triumphbogen und abgetreppter Apsisbogen auf Kämpfergesimsen. An der Südseite Sakristei (15. Jh.). Straßendorf 1201 als "morungen" genannt.

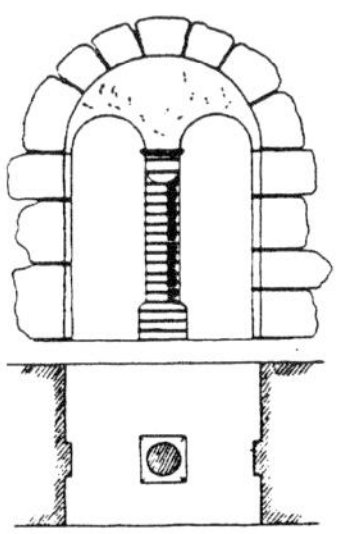

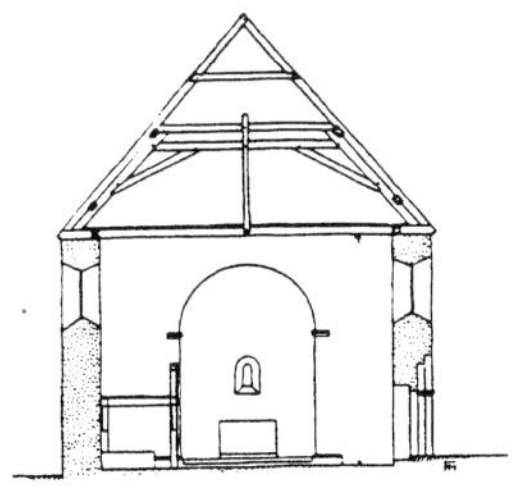

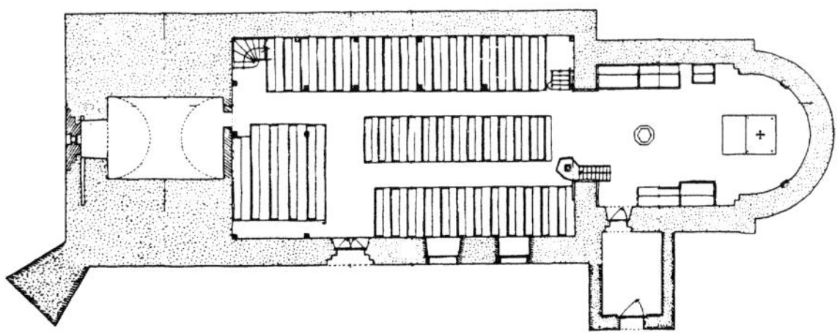

Groß Rossau

Mitte 12. Jahrhundert. Breitturm (etwas schmaler als das Schiff), Schiff, eingezogener Chor, der sich nach Osten verjüngt, Apsis. Erneuerungen 1343, 1652, 1784, 1871, 1959. Granitmauerwerk bis zu den Sohlbänken der Fenster am Schiff und Chor, darüber Backstein, Mauerwerk des Turmes ab Traufe des Schiffes Backstein. Glockenstube nach dem Mauerwerk jünger. Zwischen Turmerdgeschoß und Glockenstube nur zwei schmale Lichtschlitze. Gekuppelte spitzbogige Schallöffnungen in Rundbogennischen. Zwei romanische Fenster in der Südwand des Schiffes erhalten, die auf der Nordseite vermauert. Durchgang vom Schiff zum Chor nur 1,20 m breit. Deutsche Dorfanlage, obwohl slawischer Name.

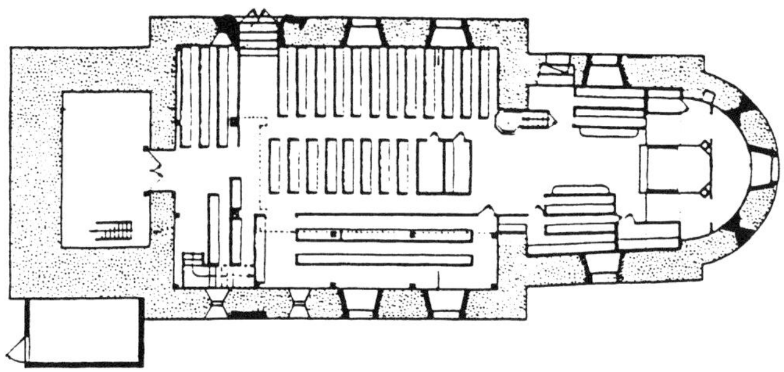

Groß Schwechten

Erste Hälfte 12. Jahrhundert. Breitturm, Schiff, eingezogener Chor, Apsis. Geweiht dem Hl. Laurentius. Im Jahre 1200 bestätigt der Halberstädter Bischof Gardolf die Übereignung der Kirche an das Kloster Krevese. Restaurierungen 1613 und 1913. Saubere Mauertechnik mit besonders sorgfältiger Bearbeitung der Granitgewände. Turm 11.20 x 6.26 m. 1899 vom Blitz getroffen, 1910 ausgebessert. Ursprüngliches Westportal (mit Kämpfergesims) vermauert. Spitzbogig gekuppelte Schallöffnungen in Rundbogennischen. Mittelsäulen in Backstein, Würfelkapitelle Granit (Verteilung 2:1). Erdgeschoß nicht gewölbt. 4,15 m breiter Durchgang zum Schiff. In der Südwand des Schiffes das ursprüngliche, abgetreppte und mit sorgfältig gearbeiteten Kämpfergesimsen versehene Portal erhalten. Pfarrtür mit horizontalem Türsturz Granit, Sakristei tonnengewölbt, Verbindungstür zum Chor später zugesetzt. Über dem Dach der Sakristei zwei kleine romanische Fenster, ebenso eins in der Apsis, alle anderen barock erweitert. Triumph- und Apsisbogen mit Kämpfergesimsen. Ort 1375 bereits als "schwechten" bezeichnet.

Güssefeld

Um 1200 (über dem modernen Westportal Jahreszahlen 1209, 1736, 1889). Breitturm, Schiff, eingezogener Chor, Apsis. Restaurierungen 1737 und 1889. Kirche liegt auf einer Anhöhe. Saubere Mauerung, scharfkantige Eckgewände. Turm mit Satteldach und Reiter relativ niedrig. Backsteinportal in der Westwand von 1889. Aus dieser Zeit auch die in Backstein veränderten Schallöffnungen und der Backsteinrundfries unter der Traufe. Im 1. Obergeschoß in der Nordwand ein kleines leicht spitzbogiges Fenster, in der Südwand eine vermauerte Einsteigetür. Sämtliche Fenster verändert (Korbbögen). Schiff ursprünglich durch einen Rundbogen mit dem Turm verbunden. Ein Portal an der Südseite des Schiffes und die Pfarrtür an gleicher Seite erhalten (beide leicht spitzbogig). In beiden Schiffswänden je zwei leicht spitzbogige Fenster vermauert. An der Apsis noch die alten Fensterstürze aus ebenso erhalten wie das Dachauflager. Kirche durch Veränderung der Dächer auf Chor und Schiff in den Proportionen verdorben - flachere Satteldächer, mit Betonziegel gedeckt, Chorgiebel in alter Höhe beibehalten.

Hämerten

Anfang 13. Jahrhundert. Chorturmkirche (Schiff, eingezogener Chor mit quadratischem, ins Oktogon übergehendem und mit einem Zeltdach gedecktem Turm, Apsis), Restaurierungen um 1710 und in den 80er Jahren unseres Jahrhunderts. Breite Fugenritzung, an der Apsis ein Kreuzbogenfries auf Konsölchen in Backstein auf weißem Putzgrund. Ostfenster mit Backsteinrahmung und -säulchen, unter der südlichen Traufe des Schiffes Rest eines eingeritzten Kreuzbogenfrieses. In der Nordwand des Schiffes drei alte Rundbogenfenster erkennbar, an ihrer Stelle moderne Flachbogenfenster. Rundbogiges Südportal erhalten, das in der Nord- und Westwand vermauert. Über der rundbogigen Pfarrtür ein altes Fenster mit nachträglicher Backsteinleibung. An der Nordseite des Chores eine ursprüngliche Sakristei, die durch eine jetzt vermauerte Rundbogentür mit Sperrbalkenverschluß mit dem Chor verbunden war. Runder Triumphbogen mit Kämpfergesimsen, Chor kreuzgratgewölbt. Ort 1160 als "hamerten" genannt.

Häsewig

Um 1200. Schiff, eingezogener Chor wohl im 15. Jahrhundert querschiffartig verändert. Über dem Westgiebel des Schiffes massiver Glockenstuhl mit zwei rundbogigen Glockenfenstern, im 18. Jahrhundert durch einen hölzernen Dachturm mit achteckigem Helm erweitert und Fachwerkvorhalle vor das Schiff gesetzt. An der Südseite in Backstein eingefaßte Portale mit Sperrbalkenverschluß, Fenster größtenteils verändert. An der Stelle der jetzigen Kirche soll sich eine heidnische Kultstätte befunden haben. Portale mit Sperrbalkenverschluß. Ort 1202 als "Hesewick" genannt.

Hassel

1230 geweiht. Schiff und sehr flache Apsis. 1725/26 Errichtung eines quadratischen Fachwerkturmes über dem Westteil des Schiffes. Wenig sorgfältige Mauertechnik. Eck- und Stützpfeiler an der Westwand, Fenster erweitert, in der Nordwand eine einem Backsteinbogen versehene Pfarrtür an der Nordseite. Ort 1285 als "to der hasell" erwähnt.

Heiligenfelde

Ende 12. Jahrhundert. Breitturm, Schiff und eingezogener Chor. Bis auf das Ostfenster 1685 und 1708 sämtliche Öffnungen erweitert und 1871 mit Putzfaschen versehen. 1899 wurde im Turmerdgeschoß die Tonne herausgebrochen und eine Holzdecke eingezogen. Saubere Lagerung der Granitsteine, im oberen Turmteil unregelmäßigere Steine und Mauerung mit Backsteinbrocken vermischt, saubere Eckquaderung. Turm mit dem üblichen Satteldach, Schallöffnungen mit Backsteinleibungen. Rundbogen zum Schiff bis auf eine Tür zugesetzt, Westeingang, Sturz erneuert, Sperrbalkenlöcher noch erkennbar. Turmmaße: 10,10 m x 5,60 m, Mauerstärke 1,73 m, Innenmaße des Erdgeschosses: 2,53 m breit. An der Südseite des Chores befindet sich eine Pfarrtür mit Rundbogen aus keilförmig behauenen Backsteinen. Weit einspringender Triumphbogen, dadurch wirkt der Chor abgeschnürt.

Henningen

Erste Hälfte 13. Jahrhundert. Breitturm, Schiff und eingezogener Chor. Unsauber behauene Steine, insbesondere bei den Eckgewänden. Gedrungene breite Räume. Kurzer Turm, First des Schiffes stößt zwischen die rundbogigen Schallöffnungen, Südgiebel im 19. Jh. verändert (Backstein mit drei Spitzbogen- und einer Kreisblende), Satteldach. In der Nordwand des Schiffes abgetrepptes spitzbogiges Backsteinportal, bis auf die drei Ostfenster alle anderen verändert. Rundbogiger Triumphbogen.

Hindenburg

Um 1140. Eine der ältesten Kirchen in der Altmark. Breitturm, Schiff, eingezogener Chor, Apsis. Kirche liegt inmitten des ehemaligen Rundlings. Saubere lagerhafte Mauerung, am Turm etwas unregelmäßiger, gut behauene Eckquader. Nach einem Brand 1806 wiederhergestellt. 1911 Westportal eingebrochen, dabei das Süd- und Nordportal vermauert (gut gearbeitete Gewände und Bögen, Kämpfer mit Schräge und Platte ähnlich Pfarrtür). In diesem Jahr Sakristei angefügt, 1923 Turminstandsetzungsarbeiten. In der Apsis drei vermauerte ursprüngliche Fenster, alle anderen barock verändert. Turm mit abgewalmtem Satteldach, keine

Lichtschlitze, Schallöffnungen A.13. Jh. verändert. Erdgeschoß tonnengewölbt. Breiter Durchgang zum Schiff. Ort 1283 bereits als "hindenburg" genannt. In ihm wird eine alte Grenzburg vermutet.

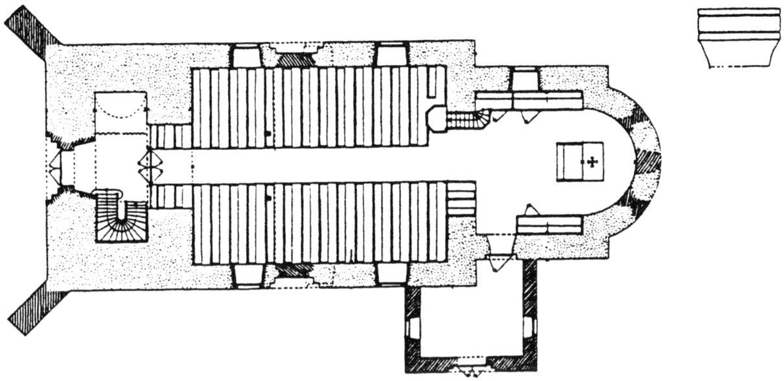

Hohenwulsch

Mitte 13. Jahrhundert. Breitturm, fast quadratisches Schiff, Chor 1738/40 vergrößert mit dreiseitigem Ostabschluß (ähnlich Erxleben), dabei Fenster erweitert und Herrschaftsloge an der Südseite angefügt. Sorgfältig bearbeiteter und lagerhaft vermauerter Feldstein. Turm 7,00 x 4,50 m. Satteldach, rundbogig gekuppelte Schallöffnungen, deren untere Hälfte vermauert ist, Einsteigetür in der Südwand, die 1914 durch Anlegen einer Außentreppe wieder gangbar gemacht wurde, Erdgeschoß mit Feldsteintonne, Durchgang zum Schiff erweitert, moderner Westeingang. Im Schiff gebustes Kreuzgratgewölbe aus Feldstein. Schildbögen zeigen eine leichte Spitzbogenform. Abgetrepptes ursprüngliches Südportal mit darüberliegendem Rundfenster erhalten (mit Sperrbalkenvorrichtung). Ort 1358 als "villa voltitz" und 1375 als "hogen wultzkow" bezeichnet.

Höwisch

Um 1200. Breitturm und Schiff. 1907 stark verändert, dabei den heutigen polygonalen Chor errichtet und alle Öffnungen erweitert. 1913 Dachreiter auf das Turmsatteldach gesetzt. Turmmaße: 8,57 x 6,30 m. Mauerwerk besteht aus qroßen, unregelmäßigen Steinen. Rundbogige Schallöffnungen mit alten Backsteinleibungen. Über dem moderen Gewölbe im Erdgeschoß ist noch die alte Tonne erhalten, wird jetzt von zwei Treppen durchbrochen. Ursprünglicher Zugang zum ObergeschoB vom Schiff aus. Westportal modern und Durchgang zum Schiff erweitert.

Iden

Mitte 12. Jahrhundert. Breitturm, Schiff, eingezogener Chor und Apsis. Die Kirche liegt auf der höchsten Erhebung des alten Dorfes (Rundling). 1888 durch Anbauten im Gesamtbild stark verändert: Anbau einer Vorhalle mit seitlichen Treppenaufgängen zu den Obergeschossen, an die Nord- und Südwand des Chores kamen eine Sakristei und ein Patronatsstuhl hinzu, sämtlich, bereits 1740 erweiterte, Fenster erhielten neue Gewände. Gleichmäßig lagerhaft gesetztes Feldsteinmauerwerk mit sorgfältig gearbeiteten Eckquadern. Der Turm tritt über die Schiffsmauern hinaus (12,90 x 6,21m). Steiles Satteldach, spitzbogig gekuppelte Schallöffnungen in Nischen. Turm wurde in der Gotik aufgestockt. In der Ostmauer ein Entlastungsbogen, wahrscheinlich im Zusammenhang mit der Aufstockung. Sicherlich auch aus der Gotik der Emporendurchblick (Sitz des Patrons ?), der wohl mit den Anbauten 1888 geschlossen wurde. Erdgeschoß tonnengewölbt mit schmalem Durchgang zum Schiff. Rundbogiges Portal mit Granitgewände und Kämpfergesims in der Nordwand des Schiffes. In der Apsis noch ein vermauertes ursprüngliches Rundbogenfenster zu erkennen. Halbkuppel der Apsis in der Gotik durch ein Rippengewölbe ersetzt. Rundbogiger Triumphbogen. Iden gehört zu den Wischedörfern, die bereits vor der Belehnung Albrechts des Bären mit der Nordmark bestanden. Der Ort wird 1150 in der Schenkungsurkunde König Konrad III. (Bestätigung der Urkunde von 946) als Aethum aufgezählt. Dieses Dorf umfaßte 25 Hufen. In der Mitte des Rundlings liegt die Kirche. Zur Zeit Albrechts des Bären schloß sich ein neuer Ortsteil an diesen Rundling an.

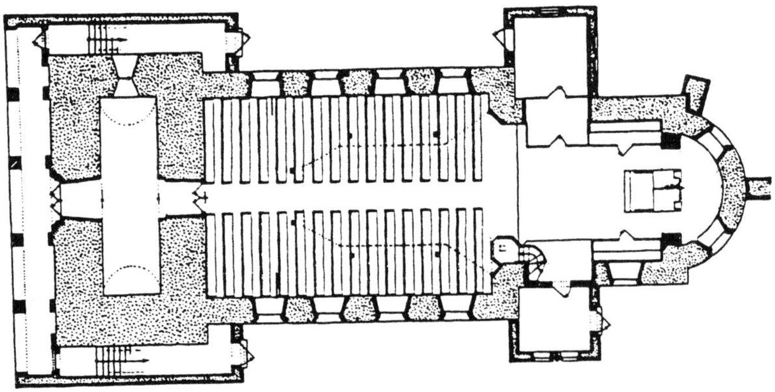

Insel

Mitte 12. Jahrhundert. Breitturm, Schiff, Chor, Apsis. Veränderungen 1745, Restaurierung Anfang 20. Jahrhundert. Sorgfältig behauene und gelagerte Feldsteine. Turm unmittelbar nach Fertigstellung des Schiffes mit glatter Fuge angefügt. Giebel später erneuert. Satteldach. Kein Zugang von außen. Je zwei spitzbogige Schallöffnungen in den Schmalseiten, je zwei rundbogig gekuppelte in Nischen in den Breitseiten. Erdgeschoß einst tonnengewölbt. Doppelarkade führt zum Schiff (vgl. Klein Schwechten, Nahrstedt, Wiepke). Im Schiff in beiden Seiten ein vermauertes Rundbogenportal mit sauberem Granitgewände, in der Nordwand zwei ursprüngliche Rundbogenfenster mit 20 cm lichter Breite. An der Apsis drei alte Fenster. 1238 hatte das St. Ludgerikloster Helmstedt hier Besitz.

Jarchau

Erste Hälfte 13. Jahrhundert. Schiff, eingezogener, tonnengewölbter Chor. An der Nordwand ein Rundbogenfries auf Putzblende. 1786/87 massiver Glockenträger durch einen querrechteckigen Fachwerkturm ergänzt, bei dieser Gelegenheit die Fenster erweitert. In dem nicht sorgfältig verlegten Feldsteinmauerwerk breite Fugenritzungen. Das ursprüngliche Portal lag in der Mitte der Nordwand, das in der Westwand von 1787. 1238 hatte das St.Lutgerikloster Helmstedt in "gartgouve" Besitz.

Jeeben

Kirche wird 1127 genannt. Der als Basilika angelegte Bau völlig verändert: der jetzige, 1904 errichtete quadratische Turm an Stelle eines ehemaligen Breitturmes mit zwei Turmspitzen (ähnlich Eichstedt). Turm 1992 restauriert. Erhalten das Mittelschiff mit den vermauerten Arkaden auf Pfeilern mit Kämpfergesims (Feldstein) und der gleichbreite Chor mit Apsis - letztere beiden wohl die ältesten Teile mit behauenen und lagerhaft gesetzten Feldsteinen, in der Chorsüdwand ein dreifach abgetrepptes Rundbogenportal. In der Obergadenzone und in der Apsis die hohen, schmalen, romanischen Fenster erhalten. Sauberes Mauerwerk in der Obergadenzone im Gegensatz zur Arkadenzone (unregelmäßig und stark mit Backstein vermischt, ähnlich die Vermauerung der Arkaden.). Arkaden und Pfeiler sehr sauber gearbeitet. Kirche liegt auf einer Anhöhe. Restaurierungen 1852, 1920 und 1992.

Jeetze

Zweite Hälfte 12. Jahrhundert. Breitturm, breiter als das Schiff, eingezogener Chor, Apsis. Lagerhaftes Feldsteinmauerwerk, steinsichtig verputzt, gut gearbeitete Eckgewände, Schallöffnungen (2:1) später in

Backstein spitzbogig gekuppelt. Mittelsäulchen mit Würfelkapitel. Westportal ursprünglich. Satteldach mit Reiter. Nordöffnung, wie auch die Lichtschlitze in dieser Wand, verändert. Zugang zum Schiff durch einen Rundbogen. Rundbogiger Triumph- und Apsisbogen auf Kämpfern, verändert.

Jeggeleben

Erste Hälfte 13. Jahrhundert. Breitturm, Schiff, Chor. Lagerhaft geschichtet, fast gleichgroße Steine, saubere Eckgewände. Turm ragt aus dem Schiffsdach als schmaler Rechteckturm heraus (jünger). Mauerwerk an der West- und Nordeite unsauber (mit viel Ziegelbrocken durchsetzter Mörtel). Am Turm hohe rundbogige Schallöffnungen (2:1), kein Westeingang, im Erdgeschoß in den Schmalseiten je ein Lichtschlitz. In der Nordwand des Schiffes ein großes vermauertes Rundbogenportal und zwei schmale rundbogige Fenster erhalten, ebenso ein altes Fenster in der Ostwand des Chores. Alle anderen Fenster modern. An der Südseite des Schiffes abgetrepptes Rundbogenportal mit Granitgewände. Ebenso erhalten an dieser Seite die rundbogige Pfarrtür. Zugang vom Turm zum Schiff ursprünglich durch einen Spitzbogen. Chor kreuzgratgewölbt. An der Ostwand des Chores doppelte Fugenritzung. Friedhofsmauer neu verputzt und mit Platten belegt.

Kahrstedt

Anfang 13. Jahrhundert. Breitturm, Schiff, eingezogener Chor, Apsis. Im 19. Jahrhundert stark verändert. Lagerhaftes Feldsteinmauerwerk mit gut gearbeiteten Eckgewänden. Turm mit Satteldach und Reiter. Romanischer Westeingang. Jedes Geschoß in den Schmalseiten durch Lichtschlitze beleuchtet. Große, aber in der unteren Hälfte vermauerte rundbogige Schallöffnungen (2:1). Alte Umfassungsmauer des Friedhofes im Ostteil erhalten.

Kakerbeck

Ende 12. Jahrhundert. Von der romanischen Kirche ist nur noch der Breitturm vorhanden. Relativ lagerhaftes Mauerwerk, modernes Westportal, rundbogige Schallöffnungen (2:1). Eckgewände und Westwand im 19. Jahrhundert ausgebessert. Satteldach zwischen massiven Giebeln ebenfalls 19. Jahrhundert, wohl im Zusammenhang mit der Anlegung eines querrechteckigen Chores mit Apsis. Im unteren Teil der Südwand noch Reste des ursprünglichen Baues, u.a. vermauertes Rundbogenportal.

Kallehne

Ende 12. Jahrhundert. Breitturm, Schiff, eingezogener Chor. Umbau 1883. Jetzige Form Turm, Schiff, Apsis. Alle Fenster verändert. Ursprünglich ist noch der Turm mit modernem Westeingang und rundbogigen Schallöffnungen (Gewände aus Backstein). Turm springt über dem Erdgeschoß leicht zurück. Eckstützpfeiler barock. Im Erdgeschoß ursprünglich Tonnenwölbung. 2,08 m starken Mauern. Innenbreite 2,23m.

Kläden, Krs. Osterburg

Ende 12. Jahrhundert. Breitturm, Schiff, eingezogener Chor. Wiederherstellungsarbeiten im 15. Jahrhundert, dabei Schallöffnungen spitzbogig verändert und den schlichten Giebel in einen Staffelgiebel mit Wimpergen umgewandelt (Backstein), sowie im Chor und Turmerdgeschoß Kreuzrippengewölbe eingezogen. Gut behauene große Eckquader und Quadergewände an den Öffnungen, steinsichtig neu verputzt, an der Ostseite Fugenritzung. Die Mörtelbettung am Turm stark mit Ziegelbrocken durchsetzt. Einsteigetür an der Südseite mit Backsteinen zugesetzt. Moderner Westeingang. Ursprüngliche Pfarrtür an der Südseite und ein altes vermauertes Fenster seitlich über dem Portal. Alle anderen Fenster im 19. Jahrhundert verändert. Ort 1238 als "clodene" genannt.

Kläden, Krs. Stendal

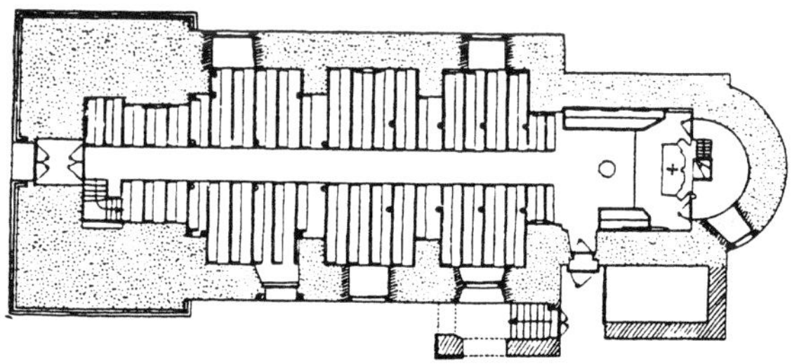

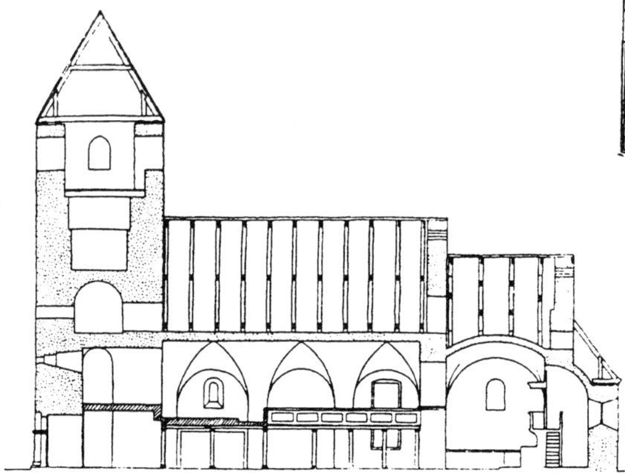

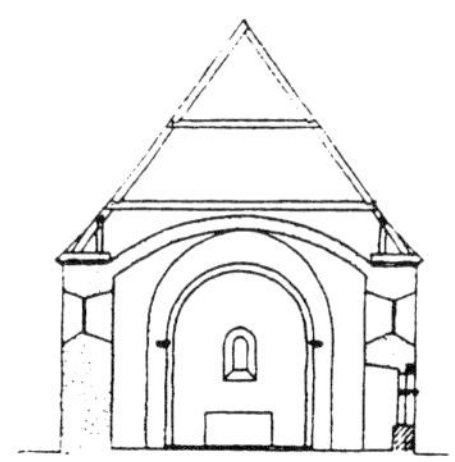

Kläden, Krs. Stendal

Anfang 13. Jahrhundert. Breitturm, Schiff, eingezogener Chor, Apsis. Erneuerungsarbeiten 1771. Kirche liegt auf einer leichten Anhöhe inmitten des Ortes. Ziemlich lagerhaftes Mauerwerk mit guten Eckgewänden. Turm mit Satteldach und großen, leicht spitzbogigen Schallöffnungen (2:1). In den einzelnen Geschossen Lichtschlitze. 3 m starke Turmmauern, Erdgeschoß innen nur 1,46 m breit. 4,58 m breite Rundbogenöffnung als Teil einer Längstonne über dem Erdgeschoß. Das darüber liegende Geschoß mit einer Quertonne gewölbt, zu erreichen durch eine Treppe innerhalb der Wand. Über dem Schiff eine halbkreisförmige Längstonne, die nicht auf den Außenmauern aufsitzt, sondern auf vorgelegten Strebepfeilern ruht, die das Schiff in drei Joche gliedern. Sie schneiden mit Stichkappen bis in die Scheitelmitte, so daß der Eindruck entsteht, als wären drei Kreuzgewölbe vorhanden. Ein rundbogiger Triumphbogen, auf Kämpfern ruhend, verbindet das Schiff mit dem fast quadratischen Chor, der ein kuppelartiges Kreuzgewölbe trägt. An der Südseite zwei ursprüngliche Portale mit abgetreppten Gewänden, das eine als Pfarrtür, das andere in ein Spitzbogenfenster umgewandelt. Im Chor ein rundbogiges Fenster vermauert. Alle übrigen Fenster verändert. Ort 1186 als "clodene" genannt.

Kleinau

Zweite Hälfte 12. Jahrhundert. Breitturm, Schiff, eingezogener Chor. 1692 größere Wiederherstellungsarbeiten, 1720 Beseitigung eines Blitzschadens am Turm. Neues Satteldach mit Reiter von 1909/13. Steinsichtig verputzt (modern), gut behauene Eckgewände. Im Turm rundbogig gekuppelte Schallöffnungen mit veränderten Zwischensäulen. Nur im südlichen Schalloch ist noch die alte Backsteinsäule erhalten. Verteilung 2:1. In der Westwand befand sich ursprünglich eine Einsteigetür, eine weitere liegt unterhalb der Kreuzrippengewölbes im Erdgeschoß. Die Treppe führt innerhalb der Mauer ins nächste Geschoß. In der Westwand ein noch in gotischer Zeit wieder geschlossenes Spitzbogenportal. Als Schlußstein ein gemeißelter Kopf. In den einzelnen Geschossen Lichtschlitze. Im 18. und 19. Jahrhundert wurden zwei Stützpfeiler an die Westwand gesetzt. Großer Rundbogen zwischen Schiff und Chor; früher ein ähnlicher zum Turm, der jetzt zugesetzt ist. Im Chor befinden sich noch die alten Rundbogenfenster, deren Leibungen modern verputzt sind. Rundbogige Pfarrtür an der Südseite mit Backsteingewände, ebenfalls auf der Südseite im Schiff ein einfach abgetrepptes Rundbogenportal mit gut behauenen Granitquadern, profilierten Basen und Kämpfern. Die Fenster des Schiffes wurden im 18. Jahrhundert und um 1820 erweitert. Ort 1274 als "cleinow" genannt.

Klein Engersen

Erste Hälfte 13. Jahrhundert. Schiff, eingezogener Chor, Dachreiter 19. Jahrhundert (quadratischer Aufbau). Grobes Mauerwerk, Mörtel stark mit kleinen Steinen und Dachziegelbrocken durchsetzt. Teilweise steinsichtig verputzt. Ansatz eines Rundbogenportals an der Südseite erkennbar, an gleicher Seite die Pfarrtür vermauert. Große Korbbogenfenster in Schiff und Chor mit Putzrahmen von 1991.

Klein Schwechten

Erste Hälfte 12. Jahrhundert. Breitturm, Schiff, eingezogener Chor und Apsis. Geweiht dem Hl. Laurentius (auch Schutzheiliger des Halberstädter Domes). 14. Jahrhundert Südvorhalle, 15. Jahrhundert Hinzufügung zweier Turmspitzen. 1857-65 Wiederherstellungsarbeiten. Sauber gearbeitetes Mauerwerk. Ausgeprägter Wehrturm; rundbogige Schallöffnungen, Verteilung 4:2 (selten für die Altmark). Zum Erdgeschoß kein Zugang von außen. Die einzelnen Geschosse sind nur von außen durch Einsteigetüren zugänglich. Sie stehen innen nicht miteinander in Verbindung. Alle drei Geschosse sind tonnengewölbt (das Erdgeschoß mit einer Findlings-, die beiden anderen Geschosse mit einer Backsteintonne). Das Erdgeschoß wird durch einen Lichtschlitz beleuchtet, der geknickt ist, um wahrscheinlich das Eindringen von Geschossen zu verhindern. Im 1. Obergeschoß befinden sich gleich drei Einsteigetüren, die in der Ostwand mit Sperrbalkenverschluß. Eine Ausnahme an Dorfkirchen der Altmark ist die Doppelarkade zwischen Turm und Schiff (siehe auch Nahrstedt, Rochau, Insel, Wiepke). Sie kommt dagegen häufiger im Harzraum vor. Ein abgetrepptes Rundbogenportal in der Südwand des Schiffes mit Granitgewände erhalten, ebenso an dieser Seite zwei Rundbogenfenster über der Vorhalle. In der Nordwand ein vermauertes Rundbogenportal. Der Giebel des Chores wurde nachträglich mit Backstein abgedeckt und die Fenster mit neogotischem Maßwerk versehen. In der Apsis sind 1932 spätromanische Fresken freigelegt worden. Der Ort wird 1360 als "lüttken swechten" genannt.

Kossebau

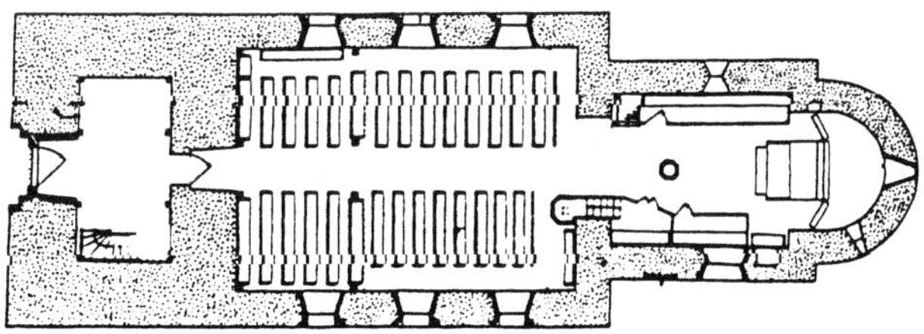

Mitte 12. Jahrhundert. Breitturm, Schiff, eingezogener Chor, Apsis. Kirche liegt im Dorfes und wird noch von der alten Friedhofsmauer, die mit Backsteinen abgedeckt ist, umgeben. Apsis vermutlich noch in gotischer Zeit erhöht. Gut behauene und gelagerte Granitsteine mit flacheren Zwischenschichten (ähnlich im Harzraum). Barocker Westeingang - dabei wurde das Nordportal geschlossen. Rundbogige Schallöffnungen, deren Granitleibungen noch im Mittelalter durch Backstein ersetzt. Satteldach. Schmaler Durchgang zum Schiff. Halbkuppel der Apsis abgebrochen. Wahrscheinlich war auch der Chor ursprünglich gewölbt.

Kremkau

Ende 12. Jahrhundert. Breitturm, Schiff, Chor. 1850 Chor abgebrochen und das Schiff mit dreiseitigem Schluß verlängert. Dabei sämtliche Fenster vergrößert. Sorgfältige Mauerung, Obergeschoß der Turmes jünger: Mauerwerk stark mit Backstein durchsetzt und Schallöffnungen mit Backsteinleibungen, teils spitzbogig, teils mit Flachbogen, liegen sämtlichst in Flachbogennischen. Walmdach mit Reiter. Ursprünglich ist das rundbogige Westportal mit sauber gearbeitetem Granitgewände und Kämpfergesimsen. In der Nordwand in ca. 5 m Höhe eine Einsteigetür. Das Erdgeschoß tonnengewölbt. Der ursprünglich 3,20 m breite Durchgang zum Schiff bis auf eine Tür zugesetzt. In der Nordwestecke des Schiffes und in der Südmauer je eine kleine, ca. 15 cm breite, Rundbogenöffnung erkennbar. Ort 1224 als “cremzow” erstmals genannt.

Krevese

Ehemalige Klosterkirche; Ende 12. Jahrhundert. Dreischiffige Basilika mit quadratischem Chor und Apsis, ohne Querschiff und Breitturm, der vorhanden gewesen sein kann, da in der Westwand doppelbögiger vermauerter Durchgang. Über dem Westteil nachträglicher quadratischer Fachwerkturm mit barocker Haube. Kirche verdeutlicht das Eindringen des Backsteins in die Feldsteintechnik: Bögen der Fenster, Portale, Arkaden. Im Innern Rundbogenarkaden über Pfeilern, im westlichen Teil rheinischer Stützenwechsel, Säulen mit Trapezkapitellen. Kreuzrippengewölbe über dem Mittelschiff 2. Hälfte 14. Jahrhundert. Im nördlichen Seitenschiff Rundbogenwölbung erhalten.

Krusemark

Zweite Hälfte 12. Jahrhundert. Breitturm, Schiff, Chor und Apsis. 1726 Chor unter Beibehaltung der Apsis auf Schiffsbreite erweitert. Alle Fenster, bis auf die in der Apsis, modern. Gut gearbeitete Eckquader, steinsichtig verputzt, lagerhafte Mauerung - vor allem am Turm. Spitzbogige Schallöffnungen in tiefen mit Backstein gerahmten Nischen. In der Westwand Spitzbogenportal mit Granitgewände unter Verwendung von Backstein: innerer Bogen und Backsteinwulst in der Abtreppung. Im Erdgeschoß hohe Backsteintonne. In der Südwand des Schiffes das Hauptportal mit Kämpfer aus Deckplatte und Schräge. In der Nordwand ein vermauertes Rundbogenportal. Durchgang vom Turm zum Schiff vermauert. Spätromanischer Taufstein. Ort 1190 und 1209 als "crusemark" genannt.

Kuhfelde

Anfang 13. Jahrhundert. Breitturm, Schiff (langgestreckt), eingezogener Chor. Fenster im 19. Jahrhundert verändert. Kirche liegt auf einer Anhöhe. Hoher Turm, wird an der Westwand durch vier Backsteinstützpfeiler gehalten. Mittelteil der Westwand Backstein mit Rundbogenblenden zwischen den Stützpfeilern. Rundbogig gekuppelte Schallöffnungen mit Backsteinleibungen (2:1). Abgetrepptes Rundbogenportal in der Turmsüdwand. Ursprünglicher Zugang vom Turm zum Schiff bis auf eine Tür geschlossen. Erdgeschoß ehemals tonnengewölbt. Staffelgiebel später (der südliche mit Kreuz, Zahnfriesen, Spitzbogen- und Kreisblende, im nördlichen gestaffelte Spitzbogenblenden).

Langensalzwedel

Mitte 12. Jahrhundert. Turm (schmaler als das Schiff), eingezogener Chor, Apsis. Turm im 13. Jahrhundert angefügt. Sauberes Findlingsmauerwerk insbesondere bei den Ecken und Gewänden. Breite Fugenritzung mehrfach erhalten. Turmmauerwerk stark mit Backstein durchsetzt. Turm steht schief zur Kirchenachse. In der Westwand des Schiffes erhaltenes Portal mit sauber gearbeitetem Granitgewände. In der Glockenstube je zwei leicht spitzbogige Schallöffnungen, deren Gewände stark mit Backstein durchsetzt sind. Rundbogentür in der Turmsüdmauer bis auf einen Lichtschlitz zugesetzt. Südportal des Schiffes sowie Pfarrtür erhalten, letztere mit sauberem Türsturz. Um 1750 alle Fenster, bis auf das östliche in der Apsis, verändert. Das Schiff wird durch eine schmalen Triumphbogen vom Chor getrennt.

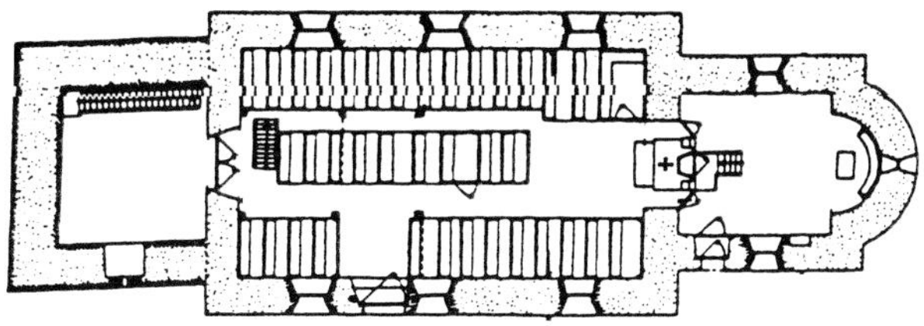

Liesten

Um 1200. Kirche im 19. Jahrhundert stark verändert. Gut erhalten der Breitturm mit großen lagerhaft gesetzten Granitsteinen. Die leicht spitzbogigen Schallöffnungen mit Backsteinleibungen scheinen später erweiter worden zu sein, ebenso ein Schlitzfenster in der Südwand.

Lindtorf

Mitte 12. Jahrhundert. In der Anlage Breitturm, Schiff, eingezogener Chor, Apsis. Geplanter Breitturm bis in Schiffshöhe ausgeführt. Im 15. Jahrhundert Backsteinturm mit spitzbogigen Schallöffnungen, Giebel mit Blenden. 1702 Dach erhöht und Fenster erweitert. Wiederherstellungen 1906. Sauber gearbeitetes Mauerwerk. Erkennbar ein vermauertes Fenster an der Nord- und Südseite des Schiffes an der Nahtstelle zwischen Turm und Schiff. Aus dem 18. Jahrhundert das Westportal und die Durchgangstür vom Turm zum Schiff. Pfarrtür in der Südwand des Chores vermauert.

Lüderitz

Zweite Hälfte 12. Jahrhundert. Kirche liegt inmitten des Dorfes. Vom alten Bau nur noch der Breitturm erhalten. Relativ lagerhaft geschichtetes Feldsteinmauerwerk. Am Turm modernes Westportal, rundbogig gekuppelte Schallöffnungen (2:1). In der südlichen Öffnung die Mittelsäule aus Sandstein mit Palmettenkapitell und Base mit Ecksporen (ungewöhnlich in der Altmark).

Mahlsdorf

Um 1200. Breitturm, annähernd quadratisches Schiff, eingezogener Chor, Apsis. Lagerhafte Mauerung, gut gearbeitete Eckquader. Niedriger Turm, Satteldach setzt in Höhe des Firstes des Schiffes an, rundbogige Schallöffnungen mit Backsteinleibungen (2:1). Die im ersten Geschoß in der Nordwand befindliche Einsteigetür zu 2/3 vermauert, ein nachträglich eingesetztes Fenster in der Westwand, an der Südseite Lichtschlitze. Ins Erdgeschoß kein Zugang von außen, Erdgeschoß und 1. Obergeschoß tonnengewölbt. Erhalten sind die Pfarrtür, das Südportal, die beiden leicht spitzbogigen Fenster in der Nordwand (mit alter Bretterschalung), in der Südwand und an der Apsis. Chor nachträglich in Backstein erhöht. Apsis noch mit alter Mönch-Nonne Deckung und alter Dachauflage. Hoher rundbogiger Triumphbogen, derbes Kreuzgratgewölbe über dem Chor. Fenster ähnlich Winterfeld. Hohe alte Friedhofsmauer.

Meßdorf

Zweite Hälfte 12. Jahrhundert. Breitturm, Schiff, eingezogener Chor, Apsis. Um 1060 besaß das Kloster Corvey in diesem Ort Besitzungen (methisdorpe genannt). Kirche liegt auf ansteigendem Gelände, umgeben von der alten Friedhofsmauer. Sorgfältig gelagerter Feldstein und gut behauene Eckquader. Turm im 13. Jahrhundert um ein Geschoß erhöht, darin gekuppelte spitzbogige Schallöffnungen mit Mittelsäulen aus Backstein. Das darunterliegende romanische Glockengeschoß noch an den vermauerten Öffnungen zu erkennen. Satteldach mit Reiter. Westeingang von 1883. Erdgeschoß war anscheinend tonnengewölbt. Breiter Durchgang zum Schiff. 1883 Anbauten in Backstein. Strebepfeiler 18./19.Jahrhundert. Fenster 1883 verändert, Südportal mit Backsteinbogen und Granitgewände vermauert.

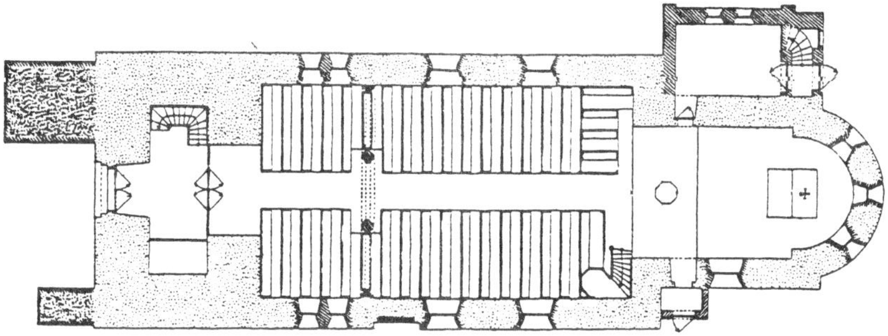

Miltern

Anfang 13. Jahrhundert. Breitturm, Schiff, das 1789-91 fast um das Doppelte verlängert wurde, dabei die Fenster neu eingesetzt und die romanischen (je drei in den Schiffswänden) geschlossen. Nicht besonders sorgfältig verarbeitetes Feldsteinmaterial, breite Fugenritzungen. Glockenstube nachträglich aufgesetzt, mit spitzbogig gekuppelten Schallöffnungen in rundbogigen Nischen. Erdgeschoß des Turmes tonnengewölbt. 4,32 m breiter Durchgang zum Schiff. Das ursprüngliche Westportal zugesetzt. Erhalten das abgetreppte Rundbogenportal in der Südwand des Schiffes. Ort 1335 als "miltharde" genannt.

Möllenbeck

Erste Hälfte 13. Jahrhundert. Breitturm, Schiff und eingezogenem quadratischem Chor. Haetge (Inv. Stendal) sieht in dieser Kirche eine bäuerliche Fliehburg, wahrscheinlich, weil sie so markant auf einer Anhöhe inmitten des Dorfes liegt. Umgeben mit einer Feldsteinmauer. Breitturm, Schiff und eingezogener Chor. Sauber gearbeitetes Mauerwerk. 1755 Wiederherstellungsarbeiten, dabei Fenster erweitert. Turmausbesserungen 1797/98. Rundbogig gekuppelte Schallöffnungen in ebenfalls rundbogigen Nischen (2:1).

Geschosse nur vom Schiff zugänglich. Erdgeschoß ohne Lichtschlitz mit hoher Spitztonne aus Findlingen. 2,95 m breiter Durchgang zum Schiff. Die hohe Spitztonne (Scheitel 7,64 m über dem Erdboden) verlangte an der Westseite drei Stützpfeiler und einen an der Südwestecke. In der Nordwand zwei Rundbogenportale und im Chor ein Ostfenster noch ursprünglich. Ort 1209 "Mulbeke" genannt.

Möllendorf

Zweite Hälfte 12. Jahrhundert. Kurzes Schiff, quadratischer Chor. Anfangs statt Turm wohl nur ein Glockengiebel. Turm nachträglich und 1747 in Fachwerk aufgestockt. Dabei auch Fenster erweitert. Westportal von 1863, Friedhofsmauer 1934 ausgebessert. Sauberes Mauerwerk mit guter Eckquaderung. Steinsichtig verputzt. Westwand beim Aufsetzen des Turmes stark mit Backsteinen ausgebessert. Nordportal des Schiffes vermauert. An der Südseite rundbogige Pfarrtür mit Granitgewände. Kuppliges Kreuzgratgewölbe über Chor und Schiff. Beide Räume Ende des 15. Jahrhunderts reich bemalt mit Passionsszenen, Aposteln und Heiligen, Jüngstem Gericht, ca. 150 Figuren. 1934 freigelegt und restauriert in den Folgejahren.

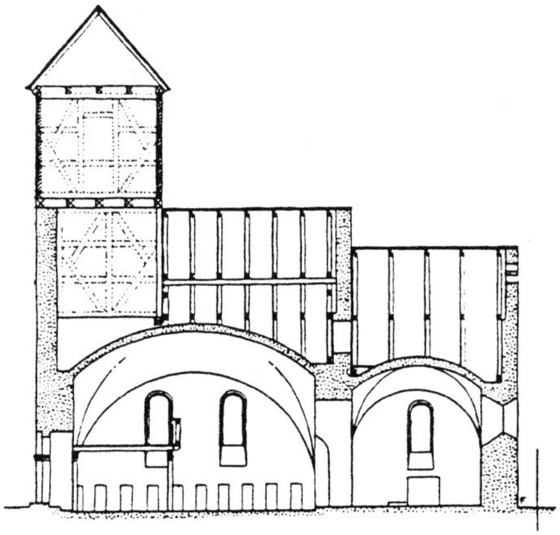

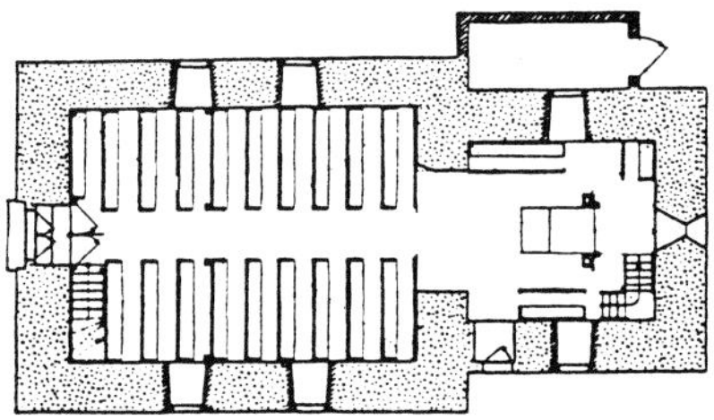

Nahrstedt

Mitte 13. Jahrhundert. Breitturm und Schiff. 1790 Schiff verlängert und Einfügung neuer Flachbogenfenster. Turm sauber gemauert, gute Eckquaderung, Satteldach mit Reiter. Spitzbogige Schallöffnungen (2:1) . Erdgeschoß mit Backsteintonne. Kein Zugang von außen. Früher führten zwei Rundbögen zum Schiff, jetzt bis auf eine schmale Tür vermauert (vgl. auch Klein Schwechten, Rochau, Wiepke und Insel). 1247 als "nordste" genannt.

Natterheide

Erste Hälfte 13. Jahrhundert. Ursprünglich Breitturm, Schiff und eingezogener Chor. Schiff und Chor im 18. Jahrhundert stark verändert. Kleinteiliges, unregelmäßig in breiter Mörtelschicht gelagertes Feldsteinmauerwerk - bis zur östlichen Baufuge des Schiffes. Die geringsten Umbauten am Turm. Satteldach mit Reiter, rundbogige Schallöffnungen (in der Westwand bis zum Bogenansatz vermauert). Turmmauerwerk weist bis auf die Westwand (ca. 1,50 m) die Stärke der Schiffsmauern (0,98 cm) auf. Das alte Portal an der Nordseite des Schiffes vermauert. 1375 Ort als "nachteheide" genannt.

Neulingen

Erste Hälfte 13. Jahrhundert. Breitturm, Schiff, eingezogener Chor. 1913 größere Wiederherstellungsarbeiten, dabei Fenster verändert. Breit verfugt. Feldsteinmauerwerk mit großen Steinen durchsetzt. Am Turm Mörtel mit kleinen Feldsteinen und Ziegelbrocken. Nach einem Turmbrand 1912 wurde die Eckquaderung im oberen Teil durch Backstein ersetzt und der Giebel als Staffelgiebel in Backstein erhöht. Die Öffnungen der Kirche zum Teil mit Backsteinbögen auf Feldsteinleibungen. In den Turm wurde ein modernes Westportal eingebrochen, Schallöffnungen rundbogig gekuppelt und in rundbogigen Nischen sitzend. Erdgeschoß des Turmes war ursprünglich mit einer Tonne überwölbt. Der breite Durchgang zum Schiff bis auf eine Tür geschlossen. Keine der alten Öffnungen ist auf der Südseite der Kirche mehr erhalten, nur eine vermauerte Pfarrtür erkennbar. Auf der Nordseite noch das alte Portal und ein kleines spitzbogiges Fenster (mit zwei Backsteinschichten ummauert - innen eine Roll- außen eine Läuferschicht). In der Chorostwand zwei alte rundbogige Fenster mit Zement gefaßt. Ort 1271 als "neylinghe" genannt.

Ostheeren

Zweite Hälfte 12. Jahrhundert. Ursprünglich wahrscheinlich bestehend aus Breitturm, Schiff und Chor. Sogenannte vierteilige Typen haben stärkere Turmmauern. Um 1765 erfolgte ein größerer Umbau, dabei das Schiff verlängert und die Fenster verändert. Sorgfältig gearbeitetes Mauerwerk, Schallöffnungen mit Backsteinbögen, auf jeder Schmalseite im Erdgeschoß ein Rundbogenfenster. Abgetrepptes Westportal ursprünglich. Breiter Rundbogen zum Schiff. Ein vermauertes Rundbogenportal in der Südwand des Schiffes. 1160 hatte das Ludgerikloster Helmstedt hier Besitz. 1272 Ort als "Hosterne" genannt.

Drittel zugesetzt sind. Zum Erdgeschoß kein Zugang von außen. Es öffnet sich mit einer Doppelarkade zum Schiff (s. Klein Schwechten, Insel, Wiepke und Nahrstedt). Lichtschlitze in den Schmalseiten, an der Nordwestecke ein abgetreppter Stützpfeiler. Doppelt abgetreppter einfacher Feldsteinsockel. Westportal 19. Jahrhundert. Erd- und 1. Obergeschoß tonnengewöbt, letzteres war durch zwei Einsteigetüren erreichbar, die in der West- und Südwand liegen (die westliche vermauert), beide zeigen aber innen noch die Sperrbalkenverschlüsse. Vom 1. Obergeschoß führt eine Treppe innerhalb der Nordmauer zum nächsten Geschoß unter der Glockenstube. Neben der westlichen Einsteigetür der Rest eines angeblichen Verbindungssteges zu einem danebenliegenden ehemaligen Herrenhof. Die südliche Einsteigetür ist dem Dorf zugewandt. Vom 1. Obergeschoß führte ein schmaler Durchgang zum Schiff, jetzt vermauert. Von den ursprünglichen Fenstern nur das in der Apsis erhalten. Das Nordportal des Schiffes ist vermauert, die Pfarrtür an der Südseite dagegen offen. Der Ort befand sich im Besitz des St.Ludgeriklosters Helmstedt. 1238 wird er als"rocgave" genannt.

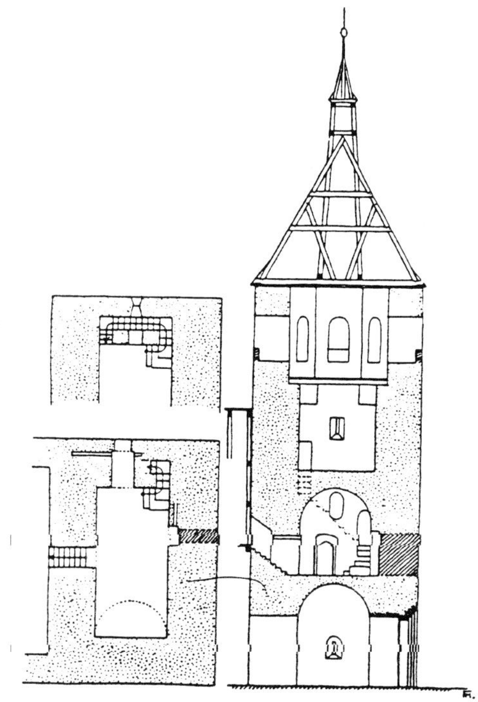

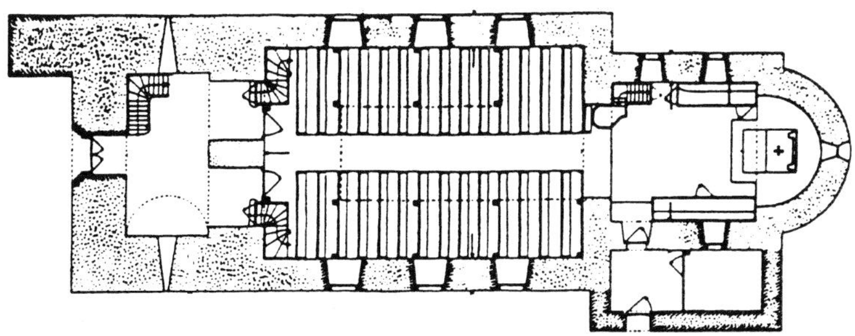

Rohrberg

Zweite Hälfte 12. Jahrhundert. Breitturm, Schiff verkürzt und querhausähnlicher Chor unter Beibehaltung der alten Apsis zwischengeschoben (1884). Altes Feldsteinmauerwerk aus dicht gesetzten ungleich großen Steinen. Zwischen den Schichten breite Mörtelfugen. Rundbogig gekuppelte Schallöffnungen (2:1) mit Backsteinleibung modern, ebenso Nordeingang. In den Schmalseiten in jedem Geschoß Lichtschlitze, davon der untere in der Südwand beim Einbrechen des Portals in ein Flachbogenfenstwer umgewandelt. Dach 1752 verändert: im Ansatz längsgestelltes Satteldach, darauf flacher quadratischer Aufbau in Form eines Podestes, über dem eine achtseitige Pyramide aufsteigt. In der Nordwand des Schiffes vermauertes Rundbogenportal, darüber ein ebenfalls vermauertes Rundbogenfenster.

Sanne, Krs. Osterburg

Für 1230 eine Weihe überliefert. Breitturm, Schiff, eingezogener Chor. Kleine, unregelmäßig vermauerte Feldsteine. Mörtel mit Ziegelbrocken durchsetzt. Turm mit Satteldach zwischen massiven Giebeln, spitzbogig gekuppelte Schallöffnungen mit Backsteinleibungen, die nördliche mit Kleeblattbögen. (2:1), Einsteigetür in der Südwand. Westfenster und Nordeingang von 1902, Erdgeschoß tonnengewölbt, schmaler Durchgang zum Schiff. Fenster im Schiff und im Chor verändert, das rundbogige Nordportal geschlossen.

Sanne, Krs. Stendal

Ende 12. Jahrhundert. Quadratischer Turm, Schiff, eingezogener Chor in Turmbreite. Veränderungen um 1730 - Fenster Portale. Restaurierungen 1902 und 1930. Nicht besonders sorgfältiges Mauerwerk. Turm mit Satteldach, spitzbogig gekuppelte Schallöffnungen unter Rundbogenblende. Im Erdgeschoß Findlingslängstonne, Westportal von 1902. Schmaler Durchgang zum Schiff. Portale (mit Backsteinbögen) vermauert. Erkennbar zwei kleine Rundbogenfenster in der Chorostwand.

Schartau

Zweite Hälfte 12. Jahrhundert. Breitturm, Schiff, eingezogener Chor, Apsis. Restaurierungen 1815-17 (Glockenstuhl), 1872 (Fenstererweiterung) und 1968. Sauber gearbeitetes Feldsteinmauerwerk. Glockengeschoß des Turmes der Mauertechnik nach zu urteilen später, rundbogige Schallöffnungen. Erd- und 1. Obergeschoß tonnengewölbt. Ein 3,10 m breiter Rundbogen führt zum Schiff. Einsteigetür auf der Nordseite, in ein Fenster umgewandelt. Zugang zum 2. Obergeschoß innerhalb der Mauer wie in Rochau, auch Lichtschlitze ähnlich angeordnet. Orte liegen 3 km auseinander. Ursprüngliches, abgetrepptes Westportal.

Steine. Turm steiles Satteldach, kein Zugang von außen, in den Schmalseiten Lichtschlitze, Schallöffnungen mit Backsteinleibungen (2:1). Ehemalige Einsteigetür in der Südwand in ein Fenster umgewandelt. Erdgeschoß tonnengewölbt. Schmaler Durchgang zum Schiff. Rundbogenportal in der Nordwand des Schiffes vermauert, ebenso die Pfarrtür auf der Südseite; beide Portale mit Feldsteingewände. In der Apsis ein altes Fenster erhalten. Über der Apsis eine große Feldsteinkuppel, der rundbogige Apsisbogen nachträglich erweitert.

Schorstedt

Erste Hälfte 13. Jahrhundert. Schiff und eingezogener Chor. Breitturm angelegt, aber nicht aufgeführt, dafür Ende 18. Jahrhundert ein quadratischer Fachwerkturm aufgesetzt. Kirche liegt auf einer Anhöhe. In der Turmnordwand noch ein kleines Rundbogenfenster als Fortsetzung der Fenster des Schiffes erhalten, hochgelegen. Alle anderen Öffnungen verändert bzw. vermauert. Ort 1287 als "scazstede" genannt.

(Groß) Schwarzlose

Ende 12. Jahrhundert; Breitturm, Kirche 1706 stark verändert. Kirche liegt auf einer Anhöhe. Langgestrecktes Schiff mit romanischen Resten (Portal). In der Glockenstube gekuppelte Schallöffnung, teilweise mit Würfelkapitellen.

Siedengrieben

Um 1200. Schiff, eingezogener Chor, Apsis. Über dem Westteil des Schiffes quadratischer Fachwerkturm. Grobes Mauerwerk. Südeingang leicht spitzbogig mit Feldsteingewände, an gleicher Seite ein vermauertes Rundbogenportal. Auf beiden Seiten sind die ursprünglichen Fenster größtenteils erhalten. In der Apsis ein kleines Spitzbogenfenster.

Siepe

Um 1200. Breitturm, Schiff, polygonale Apsis später. Unterbau des Turmes und Schiffsmauerwerk mit annähernd gleichgroßen Steinen lagerhaft geschichtet, Oberbau des Turmes unregelmäßige Verarbeitung (2.H. 13. Jh.). Turm mit Satteldach und spitzbogig gekuppelte Schallöffnungen mit Backsteinleibungen und -mittelsäulen in Rundbogenblenden. Lichtschlitze in den Schmalseiten. Alle Fenster verändert. Ursprünglich das abgestufte Rundbogenportal an der Nordseite.

Staffelde

Zweite Hälfte 12. Jahrhundert. Schiff, eingezogener Chor, Apsis. In der zweiten Hälfte des 13. Jahrhunderts erhielt der Chor einen quadratischen Turmaufbau (Feldstein) mit Satteldach. Kirche liegt auf einer Anhöhe inmitten des Dorfes. Besonders sorgfältige Mauerung und sehr gut gearbeitete Eckgewände. Auf der Südseite ein sauber abgetrepptes Rundbogenportal mit Sperrbalken und eine rundbogige Pfarrtür. Auf der Nordseite drei und auf der Südseite ein erhaltenes ursprüngliches Fenster mit 30 cm lichter Breite, ebenso erhalten das östliche Apsisfenster. Unverändert sind auch der Triumph- und Apsisbogen auf Kämpfern. Der quadratische Chor trägt ein Kreuzgratgewölbe aus Feldsteinen.

Stapel

Zweite Hälfte 12. Jahrhundert. Breitturm, Schiff, eingezogener rechteckiger Chor. Große, behauene und sorgfältig gelagerte Steine, sauberes Eckgewände. Turm mit Satteldach und Reiter zwischen massiven Giebeln. Rundbogige Schallöffnungen (2:1). Westeingang von 1863. Im Geschoß unterhalb der Glockenstube in der Südmauer ein kleines Kreisfenster. Großer Rundbogen zum Schiff. Südportal mit Tympanonstein, vermauert. An gleicher Seite vermauerte Pfarrtür (Backsteinbogen), Ursprüngliche Fenster im Chor erhalten, alle anderen verändert.

Stappenbeck

Erste Hälfte 13. Jahrhundert. Breitturm, Schiff, eingezogener Chor. Unsauber gearbeitetes Mauerwerk. Glockenstube leicht eingezogen. An der Südseite breite Stützmauer aus Backstein, Schallöffnungen verändert (2:1). Satteldach. Großer Rundbogen zum Schiff. First des Schiffes reicht bis zwischen die östlichen Schallöffnungen. Öffnungen verändert. Rundbogiger Triumphbogen, über dem Chor Kreuzgratgewölbe.

Steinfeld

Zweite Hälfte 12. Jhdt. Breitturm, Schiff, einzogener Chor. Kirche liegt auf einem Hügel am Nordrand des Dorfes, eingeschlossen von einer burgartigen Friedhofsmauer. Sorgfältig behauene und gelagerte Steine. Eckgewände am Turm mit Backstein ausgebessert. Oberbau des Turmes jünger, mit Satteldach und rundbogigen Schallöffnungen (2:1), Lichtschlitze, einer in der Südwand in ein Fenster umgewandelt. In der Westwand das ursprüngliche abgetreppte rundbogige Granitportal. An der Nordwestecke ein Stützpfeiler. Ein Rundbogen führt zum Schiff. In der Nordwand des Schiffes drei romanische Fenster erhalten, deren Gewände verputzt sind. Ebenso erhalten zwei Südportale mit Granitgewände. Alle anderen Öffnungen 1713. Weitere Wiederherstellungsarbeiten in der 2. Hälfte des 18. Jhdts. und 1968. Ort 1209 als "stenuelde" genannt.

Thielbeer

Anfang 13. Jahrhundert. Breitturm, Schiff. Kirche liegt inmitten des Dorfes, umgeben von der alten Friedhofsmauer. Große Steine verarbeitet, Mörtel stark mit Ziegelbrocken vermischt. Gute Eckquaderung. Wiederherstellungsarbeiten Ende des 19. Jahrhunderts. Turm mit Satteldach zwischen massiven Giebeln, Westportal E. 19. Jh.. In der Südwand Einsteigetür mit Feldsteinplatte als Sturz. Rundbogige Schallöffnungen mit Backsteinleibungen (2:1). Erdgeschoß war ursprünglich tonnengewölbt. Der breite Durchgang zum Schiff bis auf eine Tür geschlossen. Fenster des Schiffes verändert.

Thüritz

Anfang 13. Jahrhundert. Breitturm, Schiff, Apsis (19. Jh.). Relativ lagerhaftes Mauerwerk steinsichtig verputzt. Breites Mörtelbett mit kleinen Steinen und Dachziegelbrocken durchsetzt. Turmgiebel mit Backstein erhöht, Dachreiter 1890. In diesem Jahr auch Turmwestwand wiederhergestellt. Mauer im unteren Teil stark beschädigt. Die in der Nordwand befindliche Einsteigetür ist in ein Fenster umgewandelt worden. Kein alter Eingang zum Schiff erkennbar. Alle Öffnungen 19. Jahrhundert. Restauriert 1963.

Uchtenhagen

Um 1150/70. Breitturm, kurzes, fast quadratisches Schiff, eingezogener quadratischer Chor, Apsis. 1720/21 Fenster verändert, 1803-13 Ausbesserungsarbeiten, 1860 größere Wiederherstellung. Sehr saubere Mauertechnik: fast quadratisch zugeschlagene Steine in lagerhafter Schichtung. Turm ab Schiffstraufe Anfang 13. Jahrhundert in Backstein aufgeführt. Dieser Teil bis zum Glockengeschoß mit Ecklisenen und einem Rundbogenfries verziert. Das Glockengeschoß schließt mit einem Zahnfries ab. Die gekuppelten Schallöffnungen liegen in tiefen rundbogigen Nischen, die Mittelsäulen stehen auf zum Teil noch alten, mit Eckporen besetzten Basen. Das Satteldach nachträglich erhöht. Kein Zugang von außen. Im Erdgeschoß Backsteintonne mit Schlitzfenster an allen drei Seiten. Zugang zu den oberen Geschossen vom Erdgeschoß aus über eine Treppe innerhalb der Mauer. Leicht spitzbogiger Bogen zum Schiff. Sauber gearbeitete Granitportale auf der Südseite. Werner lll., Graf von Osterburg, seit 1150-70 im Gefolge Albrechts des Bären, legte mit Hilfe sächsischer Kolonisten zwei neue Dörfer an: Kalberwisch und Uchtenhagen. Albrecht der Bär selbst gründete die einstige Burg Uchtenhagen, die in der Befestigungslinie des zum Halberstädter Bistums gehörenden Balsamgaues gegen die Slawen lag (Ersatz für die 983 von den Slawen zerstörte Burg Walsleben).

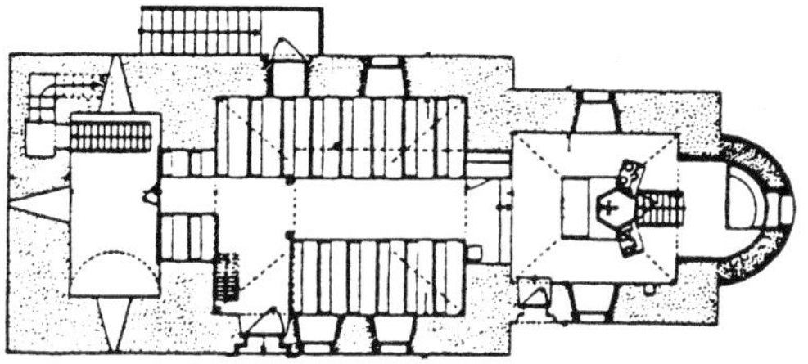

Ünglingen

Ende 12. Jahrhundert. Breitturm, Schiff, eingezogener Chor. Umfangreiche Erneuerungen 1702-20. Weitere Wiederherstellungen 1911. Sorgfältiges Mauerwerk. Turm mit Satteldach. Rundbogig gekuppelte Schallöffnungen in abgetreppten Backsteinnischen (in der Ostwand 1720 verändert. Aus dieser Zeit auch der Dachreiter) Moderner Westeingang. Erdgeschoß tonnengewölbt, 3,05 m breiter aber vermauerter Durchgang zum Schiff. Zugang zum 1. Obergeschoß über eine Treppe innerhalb der Mauer, die innen über eine Leiter in 2 m Höhe zu betreten war. In der Südwand des Schiffes ein altes, abgetrepptes Rundbogenportal, darüber ein ebenfalls erhaltenes leicht spitzbogiges Fenster. Im 15. Jahrhundert erhielt der Chor ein gebustes, auf Konsolen sitzendes Kreuzrippengewölbe. Ort 1238 als "ungelinge" genannt.

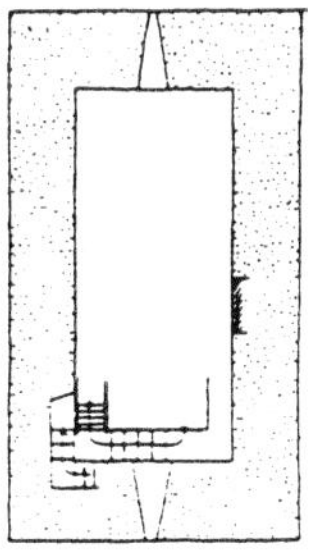

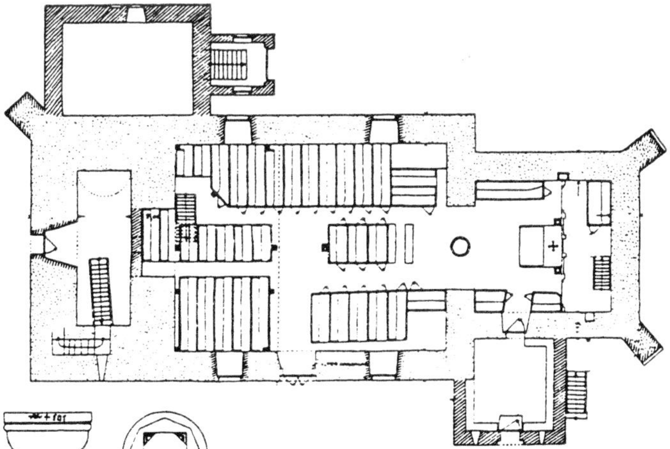

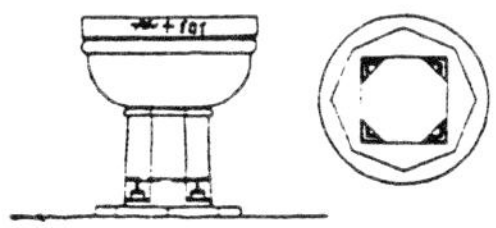

Vielbaum

Ende 12. Jahrhundert. Schiff, eingezogener Chor. Turm im 16. Jahrhundert angefügt. 1899/1900 größere Wiederherstellungen. Romanische Sakristei an der Nordseite mit Tonnenwölbung. Kleinteiliges, unregelmäßiges Mauerwerk. Alter Putz mit Fugenritzungen. Pfarrtür in der Chorwand der Sakristei mit Sperrbalken erhalten. Vermauert zwei Rundbogenportale an der Nord- und Südseite des Schiffes. Daß ursprünglich kein Turm geplant war, belegen zwei vermauerte Fenster am Westende des Schiffes. Fenster 1747 segmentbogenförmig erweitert. Ort 1206 als "vilbom" genannt.

Welle

Zweite Hälfte 12. Jahrhundert. Schiff und eingezogener Chor, der quadratische Turm jünger. Restaurierung 19. Jahrhundert. Gutskirche. Sauber gearbeitetes Mauerwerk. Fenster barock erweitert. Turm durch das ursprüngliche Westportal mit dem Schiff verbunden. Über dem Turmerdgeschoß Tonne. Über dem Westportal ein vermauertes Rundbogenfenster. Zugang zum Turm in 6 m Höhe in der Nordwand, der mit einem Sperrbalken geschlossen werden konnte. In der Nordwand des Schiffes eine leicht spitzbogige Tür, darüber zwei rundbogige kleine Fenster mit 20 cm lichter Breite. Pfarrtür an der Nordseite und die Fenster an den Chorseitenwänden ursprünglich. Der heutige Ort bestand einst aus zwei Dörfern: Deutsch-Welle und Wendisch-Welle. 1151 als "Villa Welle" und 1357 "dudeschen ville" genannt.

Wiepke

Ende 12. Jahrhundert. Breitturm, im Glockengeschoß quadratisch (spätere Veränderung), kurzes Schiff, eingezogener Chor. Die Kirche liegt auf einer Anhöhe. Relativ lagerhaftes Feldsteinmauerwerk. Turm mit Satteldach. Schallöffnungen mit Korbögen und teilweise mit Backsteineinfassungen. Rechteckiger Nordeingang. Ursprünglich war das Schiff vom Turm durch Doppelarkade, die auf einer Mittelsäule ruhte, verbunden (ähnlich Klein Schwechten, Nahrstedt, Insel, Rochau). Große Rechteckfenster im Schiff mit Putzleibungen und Putzband unter der Traufe in klassizistischer Manier. An der Chornordseite Pfarrtür erhalten, an gleicher Seite in der Schiffswand großes Rundbogenportal vermauert.

Winterfeld

Ende 12. Jahrhundert. Breitturm, Schiff, eingezogener Chor, Apsis. Kirche liegt inmitten des Dorfes auf einer kleinen Anhöhe neben einem Hünengrab. Kleinteiliges aber lagerhaft geschichtetes Feldsteinmaterial. Turm mit Satteldach und rundbogigen Schallöffnungen (2:1), Lichtschlitze in den Schmalseiten. Giebel in der Gotik neu aufgeführt. Unterhalb des Glockengeschosses leichter Rücksprung. Alter rundbogiger Westeingang. Ursprünglich Rundbogenöffnung zum Schiff, in dem teilweise noch eine alte Pflasterung erhalten ist, ebensó das abgetreppte Nordportal im Schiff, die Pfarrtür und die hochliegenden, leicht spitzbogigen Fenster. Chor nachträglich kreuzgratgewölbt, kleeblattförmiger Triumphbogen.

Wollenrade

Erste Hälfte 13. Jahrhundert. Breitturm, Schiff und eingezogener Chor. 1737 Chor- und Schiffswand erhöht und Fenster verändert. Mauerwerk aus großen Steinen, gute Eckquaderung. Turm mit Satteldach, Giebel später erneuert. Gekuppelte Schallöffnungen in Spitzbogennischen mit Backsteinleibungen. Westeingang 19. Jahrhundert. Erdgeschoß mit einer Backsteintonne gewölbt. Durchgang zum Schiff bis auf eine Tür vermauert. Chor driftet nach Nordosten aus der Flucht. Spitzbogiger Triumphbogen. Zwei Rundbogenportale an der Südseite der Kirche vermauert, ebenso ein kleines Fenster neben dem Turm. Ort 1279 als "woldenrohde" genannt.

Zierau

Anfang 13. Jahrhundert. Breitturm, Schiff, eingezogener quadratischer Chor. Sehr grobes Feldsteinmauerwerk. Turm nachträglich um ein Geschoß erhöht (A.16. Jh.). Die ursprünglichen rundbogigen Schallöffnungen (2:1) vermauert. Dachreiter mit Asbestschiefer verkleidet. Westeingang 19. Jahrhundert. In der Schiffsnordwand in Turmnähe ein altes Fenster erhalten, das große Rundbogenportal und die Pfarrtür, beide mit Backsteinbögen, vermauert. An der Südseite am Schiff und am Chor je ein altes Rundbogenfenster noch vorhanden, alle übrigen verändert.

Lit.: Dehio Handbuch, Der Bezirk Magdeburg, Berlin 1974,
Inventarbände der Kreise Gardelegen, Osterburg, Stendal (s. Lit.verzeichnis); daraus wurden die Grundrisse entnommen

Anmerkungen

1) SEEMANN, G., Landeskunde der Altmark, 1933, Diss. Rostock. S.18-28
2) SCHULZE, H. K., Die Besiedlung der Altmark, in: Mitteldeutsche Forschungen 74/1, Festschrift f. Walter Schlesinger, Bd.1 Köln/Wien 1963
3) ebenda
4) ebenda
5) WOLLESEN, E., Zur Christianisierung der Altmark, in: Zeitschrift des Vereins f. Kirchengeschichte der Provinz Sachsen, Jg. 24, H. 1, Magdeburg 1928, S.8
6) ebenda, S.18
6a) ebenda
7) ebenda, S.18
8) SCHULZE, H. K., Adelsherrschaft und Landesherrschaft in: Mitteldeutsche Forschungen, 29/1963, Köln/Graz,
9) ebenda
10) GRIMM, P., Die vor- und frühgeschichtliche Besiedelung des Unterharzes und seines Vorlandes auf Grund der Bodenfunde, Halle 1930;
Ders., Die vor- und frühgeschichtlichen Burgwalle der Bezirke Halle und Magdeburg, Berlin 1958;
Ders., Stand und Aufgaben der archäologischen Pfalzenforschung in den Bezirken Halle und Magdeburg, Berlin 1961;
Ders., Zur archäologischen Burgenforschung im Unterharz, in: Harz-Zeitschrift 1962;
STOLBERG, F., Befestigungsanlagen in und am Harz von der Frühgeschichte bis zur Neuzeit, Hildesheim 1968;
WÄSCHER, H., Feudalburgen in den Bezirken Halle und Magdeburg, Berlin 1962.
11) SCHOLKE, H., Romanische Architektur am Harz, Leipzig 1987
11a) WENDLAND, W., Die Christianisierung der Mark Brandenburg, in: Heliand, Berlin 1935, S.16
12) HOLTZINGER, G. W., Romanische Turmkapellen in Westtürmen überwiegend ländlicher Kirchen im südlichen Teil des alten Erzbistums Köln, Diss. Aachen 1962, S.100 f.
13) MÖBIUS, F., Westwerkstudien, Jena 1968
14) BANDMANN, G., Mittelalterliche Architektur als Bedeutungsträger, Berlin 1951, S.241
15) LEHMANN, E., Der frühe deutsche Kirchenbau, Berlin 1938, S. 98 - 100;
EIMER, M., Entwicklung und Gestaltung der deutschen Dorfkirchtürme im Mittelalter, in: Zeitschrift für Württembergische Landesgeschichte, 1938, S. 331-375
16) MRUSEK, H.-J., Gestalt und Funktion der Eigenbefestigung, Habil.Schrift (Man.), Halle 1958, S.360
17) THÜMMLER, H., Die karolingische Baukunst in Westfalen, in: Karolingische und ottonische Kunst (Werden - Wesen - Wirkung), Wiesbaden 1957, S.86 ff.
18) LOERTSCHER, G., Die romanische Stiftskirche von Schönenwerd, in: Baseler Studien zur Kunstgeschichte, Bd. V, Basel 1952, hrsg. v. Joseph GANTNER, 109

19) TIMM, A., Wohnturm, Bergfried, Spiker, Kirchturm, in: Harz-Zeitschrift, 8. Jg. 1956, S. 63-74
20) RADIG, W., Frühformen der Hausentwicklung in Deutschland, Berlin 1958, S. 98 f.
21) MRUSEK, H. - J., s. Anm. 16, S.171 f.: "Am Beispiel Havelberg wird deutlich, welche wichtige Rolle bei der Befestigung der Kirche dem Turm zukommt. Es erhebt sich die Frage, ob hinter der Turmfreudigkeit in Nordeuropa nicht überhaupt vielmehr der Wehr- und Wohnturm steht, dessen Verwendung als Kernbau in der grundherrlichen Pfalz und Burg ... deutlich geworden ist. Aus seiner praktischen Verwertbarkeit und ob seines symbolischen Wertes wird er als erstrangiges Bauelement bekannt gewesen sein." S. auch Anm. 43
22) ebenda S. 153
23) MÖBIUS, F., s. Anm. 13, S.68
24) FUCHS, A., Entwicklung und Zweckbestimmung der Westwerke, in: Westfälische Zeitschrift 100, 1950, S.78 und 227
25) MRUSEK, H. - J., s. Anm. 16, Vorwort
26) ebenda, S. 171, vgl. auch Zitat Anm. 16
27) ebenda, S. 351
28) ebenda, S. 345
29) ebenda, S .354
30) BOESE, F., Niedersächsische Bauernburgen und Steinwerke (Ein Beitrag zur Geschichte des deutschen Hauses), in: Zeitschrift für Bauwesen, 77/1927, S.33
31) ebenda, S. 35
32) MRUSEK, H.- J., s. Anm. 16, S.171
33) MOBIUS, F., s. Anm. 13, S. 20
34) EGGER, R., Vom Ursprung der romanischen Chorturmkirche, in: Wiener Jahreshefte Bd..XXXII, Baden/Wien, 1940, S. 119
35) GRIMM, P., Die vor- und frühgeschichtlichen Burgwälle der Bezirke Halle und Magdeburg, Berlin 1958, Karte der Burgen des 11. - 13. Jahrhunderts und der Folgezeit (Beilage). Siehe auch Atlas des Saale- und mittleren Elbegebietes, 2. Aufl., hrsg v. O. SCHLÜTER und O. AUGUST, Leipzig, Karte Nr. 39
36) GRIMM, P., ebenda, Burgenkarte.
37) ebenda S. 56
38) ebenda, S. 57
39) ebenda, S.111
40) ebenda S.111. Die Ringmauer in Quedlinburg bestand schon im 10. Jh. aus sorgfältig behauenen Sandsteinquadern im Mörtelverband (WÄSCHER, H., s. Anm. 10, S.123)
41) THIETMAR von Merseburg, Chronik, neu übertragen und erläutert von W. TRILLMICH = Ausgewählte Quellen zur deutschen Geschichte des Mittelalters - Freiherr von Stein-Gedächtnisausgabe, hrsg.v. R.BÜCHNER, Bd. IX, Berlin, o. J., S.359
42) GRIMM, P. s. Anm. 35, S. 111
43) WÄSCHER, H., s. Anm. 10, S. 137, 176; Grimm, P., s. Anm. 35, S. 112. WÄSCHER S.178: "Die Freilegungsarbeiten am runden Bergfried (d. Burg Querfurt, d.V.), an welchem Schutt von insgesamt 7 m Höhe abgetragen wurde, haben ein besonders reiches Ergebnis gebracht. Vor den Grabungen hatte man den Eindruck, daß der Rundturm auf einem Hügel stände. Es ergab sich, daß dieser Hügel ein Schuttberg war. Dieselbe Erfahrung

müssen schon die Erbauer des Rundturmes gemacht haben, denn sie mußten 6 m tief ausschachten, um auf gewachsenen Boden zu kommen. Der Außensockel des Turmes wurde auf der Höhe des Kegels angelegt, ein Zeichen, daß man ihn nicht abgetragen hat. Als bei den Grabungen der Schutt an allen Seiten entfernt wurde, fanden sich die vier Meter hohen, wohlerhaltenen Mauern des 13,7 x 17,3 m großen Gebäudes. Das Mauerwerk ist in 1,8 m Stärke aus sorgfältig behauenen Steinen mit besonders schönen großen Eckquadern mit Lehm als Bindemittel hergestellt. Da der Rundturm ziemlich genau datiert werden konnte (um 1080 erbaut), muß der große Bau schon lange Zeit vorher eingestürzt und vergessen gewesen sein. Es hatte sich bereits eine neue Kulturschicht auf dem Schutthügel gebildet. Nach Lage der Dinge muß das Bauwerk, dessen Typ Schuchhardt als 'Burgus' bezeichnet, im 9. Jahrhundert entstanden sein." S. auch Anm. 21

44) Kunstdenkmale des Kreises Haldensleben, bearb. v. HARKSEN, Marie-Luise, Leipzig 1961, S. 409, siehe auch WÄSCHER, H., Anm. 10, S.28. In der Umgebung der Hundisburg befanden sich beispielsweise noch im 18. Jh. sechs Turmhöfe, die den Kriegsmannen der Burg gehörten, die schon 1196 bestand.

45) An den Eingängen befanden sich Sperrbalkenverschlüsse, wie sie vielfach noch an den altmärkischen Dorfkirchen erhalten sind. Entsprechend mündlicher Überlieferung fanden in Veltheim, Krs. Halberstadt, die Dorfbewohner in der Kirche Schutz. An der Südseite befinden sich noch die alten Sperrbalkenverschlüsse ebenso wie an der Pfarrtür nebenan. In Winterfeld sind noch die hochgelegenen kleinen Fenster erhalten.

46) TIMM, A., s. Anm. 19, S.64

47) THÜMMLER, H., s. Anm. 17, S.86 ff.

48) HÖFER, P., Der Königshof Bodfeld im Harz, in: Zeitschrift des Harzvereins, 45. Jg. 1912, S.115; Derselbe ebenda, Jg. 29 1896, S.,409; GRIMM, P., s. Anm.35, S.130, hier auch schmalrechteckiger Grundriß, Abb.37.

49) GRIMM, P., s. Anm. 35, S.lll, dort Grundriß als Abb.29, WÄSCHER, H. s. Anm. 10: mit schmalrechteckigem Raum u.a. die Küche in der Burg Kl.-Rosenburg (S.38). Noch in der gotischen Burgkapelle (1470) in Ziesar ein schmalrechteckiger Raum im Westen mit einer Treppe in der Mauer (S.82, Abb 232); Gebäude in der Ahlsburg 10,60 x 7,30 m mit zwei Räumen, davon ein schmalrechteckiger - vermutlich 1158-1178 (S.87); Wernigerode, "Hofstubenbau" - gehörte zu den frühen Wohnbauten der Burg. Im Erdgeschoß lag die "Hofstube", neben ihr die Hofstubenkammer, die vom Hauptraum durch eine Schlupftür zugänglich war (S.140).

50) GRIMM, P., s. Anm 35, S.1321, Abb.37; STIEHL, Der Wohnbau des Mittelalters, Leipzig 1908, S.62 Fig.52.

51) SCHUCHHARDT, C., Alt-Europa, Berlin und Leipzig 1926, S.199; RADIG, W., s. Anm. 20, S.40: "Wir sind geneigt, das Vorhallenhaus als einen Vorläufer des quergestellten ober- und mitteldeutschen Hauses anzusehen. Am Ende dieser Entwicklung steht dann Hohenrode."

52) RADIG, W., s. Anm.20,; DIETRICHSON, L. und MUNTHE, H., Die Holzbaukunst Norwegens, Berlin 1893. Auch in Norwegen sind solche Holzbauten wiederholt zu beobachten, wie am Haus in Opdal (Taf. G. Abb.15), Hande (Taf. L., Abb.36)., Kveste (Taf. F., Abb.1 und 2 schmaler Rechteckraum mit zwei Durchgängen zum Hauptraum. Dieser schmale Raum ist in zwei Räume gegliedert, die miteinader durch eine Tür verbunden sind, ähnlich Veltheim), Lökre (Taf. F, Abb. 8 - ein ebenfalls schmalrechteckiger Raum mit Außentreppe zum Obergeschoß, ähnlich einer Einsteigetür), Nyhus (Taf. G. Abb 12 - zweigeteilter schmalrechteckiger Querraum mit zwei Durchgängen zum Hauptraum.), Hande (Taf. L., Abb. 34) - ähnlich. Sollten die gerade am Harzrand auftretenden doppelten Durchgänge zum Schiff (Veltheim, Eilenstedt u.a.) in irgendeiner Verbindung zu diesen Häusern stehen? Der Gedanke ist gewagt, aber schließlich hat BISCHOFF; K. in "Elbostfälische Stu-

dien", Halle 1954 nordseegermanische Einflüsse in der Sprache im Raum zwischen Harz und Elbe nachgewiesen.

53) RADIG, W., s. Anm. 20; GRIMM, P., Hohenrode, eine mittelalterliche Siedlung im Südharz, Halle 1939; DIETRICHSON/MUNTHE s. Anm. 52: Magnus der Gute (1035-1047) ließ auf seinem Königshof zu Surlid auch eine Steinhalle errichten. "Das war aber damals in Norwegen etwas so unerhörtes, daß sein Nachfolger, als Magnus vor Vollendung des Baues starb, wohl in der Meinung, eine steinerne Halle wäre für eine Menschenwohnung zu erhaben, diese Halle als Kirche dem Hl. Gregorius weihen ließ." S. 106. Nicht vergessen werden sollte, daß trotz Völkerwanderung Reste der germanischen Bevölkerung in der Altmark zurückgeblieben waren. Deren Tradition im Hausbau wird nicht erheblich von der der Nordseegermanen abgewichen sein.

54) BEHN, F., Die Entstehung des deutschen Bauernhauses, in: Berichte über die Verhandlungen der Sächsischen Akademie der Wissenschaften zu Leipzig, Phil-hist.-Kl., Bd.103, H.3, Berlin 1957 und PESSLER, W., Das deutsche Bauernhaus - Handbuch der deutschen Volkskunde, Bd.3, Potsdam 1936 ;
Derselbe, Das altsächsische Bauernhaus in der Rheinprovinz, in: Zeitschrift des Vereins für rheinischwestfälische Volkskunde, 3/1906 55). Ebenso zu beobachten an den ehemaligen norwegischen Hallen: "Soweit die Baustelle und die Umgebung des Hauses es erlaubten, scheint es, als ob demselben mit Vorliebe die Richtung von Westen nach Osten gegeben wurde, wohl um zu erreichen, daß die Sonnenstrahlen, die durch die Dachöffnung in die Stube fielen, umso länger der langen Wand, wo der Hauptsitz war, Licht und Wärme spenden konnten."
DIETRICHSON/MUNTHE, s. Anm. 52, S.102, BISCHOFF, K., s. Anm. 52: "Wenn das Ostfälische oder sein östlicher Teil innerhalb des Norddeutschen eine eigne Stellung einnimmt, so ist das in der Landnahmezeit begründet worden. Anders als der Westen des niederdeutschen Gebietes hat der sächsische Osten einen Zuschuß besonderer Art aus dem nordelbischen Sachsen und dem nördlichen Nordseegermanischen, vielleicht auch aus dem Nordgermanischen erhalten." S.106. 56)
BANDMANN; G., s. Anm. 14, S. 67, 70, 87, 137, 169.

57) DECKERT, H., Die Dorfkirche in Niedersachsen, in: Die Kunde, 8. Jg. Hannover 1940, Nr., S. 83

58) THÜMMLER, H., s. Anm. 17, S.86 ff.

Literaturverzeichnis

- eine Auswahl -

Abbs, G. u. Wutz, Das Bistum Brandenburg, I.T. der Germaniae Sacra, 1. Abt. 1. Bd, Leipzig, Berlin 1921
Abel, W. Geschichte der deutschen Landwirtschaft vom frühen Mittelalter bis zum 19. Jahrhundert, Stuttgart 1962
Adler, F., Mittelalterliche Backsteinwerke des Preußischen Staates, Berlin 1862
Albrecht, G., Landesausbau im Wendenlande zur Askanierzeit, in: Mitteilungen des Uckermärkischen Museums- und Geschichtsvereins zu Prenzlau, IV. Bd. 2. H., Prenzlau 1909
Bach, A., Probleme deutscher Ortsnamensforschung, in: Rheinische Vierteljahresblätter 15/16, 1951
Bachmann, E., Kunstlandschaften im romanischen Kleinkirchenbau Deutschlands, in: Zeitschrift d. Vereins für Kunstwissenschaft Bd.8, Jg. 1941
Bader, K.,S., Dorfgenossenschaft und Dorfgemeinde (Studien zur Rechtsgeschichte des mittelalterlichen Dorfes), Weimar 1972
Baldeweg, H., Krevese von 956-1956, Krevese 1956
Bandmann, G, Die Bauformen des Mittelalters, Bonn 1949
Bandmann, G., Das Kunstwerk als Geschichtsquelle (Das Problem der Eigenkirche), in: Deutsche Vierteljahresschrift für Literaturwissenschaft und Geistesgeschichte, H. 4 1950
Bandmann, G., Mittelalterliche Architektur als Bedeutungsträger, Berlin 1951
Bechthold, H., Templiner Dorfkirchen, in: Templiner Kreiskalender 1929
Becker, H.,K., Beiträge zur Beurteilung von Wehrkirchen, Kirchenburgen, und befestigten Friedhöfen, in: Anzeiger für Industrie und Technik,1932, II
Behn, F., Die Entstehung des deutschen Bauernhauses, in: Berichte über die Verhandlg. d. Sächs. Akad. d. Wiss. z. Leipzig, Phil.-hist. Kl., Bd.103, H.2, Berlin 1957
Bennigsen, C.v., Die Diözesangrenzen des Bistum Halberstadt, in: Zeitschrift d. Hist. Ver. f. Niedersachsen, 1867
Beumann, H., Die sakrale Legitimierung des Herrschers im Denken der ottonischen Zeit, in: Zeitschrift d. Savigny-Stiftung f. Rechtsgeschichte, Germ. Abt. 66/1948 (Weimar)
Beyer, O., Romanik. Vom Sinn und Wesen früher mittelalterlicher Kunst, Bonn 1 1931
Beyerle, F., Zur Wehrverfassung des Hochmittelalters, Festschrift Ernst Maier, Weimar 1932
Birkebihl, M., Das wehrhafte deutsche Dorf, in: Das Werk, Mai 1937
Bischoff, K., Spiker, Bergfriede und Kirchenburgen im Gebiet der mittleren Elbe, in: Sachsen und Anhalt 17/1943
Blume, E., Beiträge zur Siedlungskunde der Magdeburger Börde in: Archiv f. Landes- und Volkskunde d. Provinz Sachsen, 18/1908
Boese, F., Die lippischen Bauernburgen im Vergleich mit anderen norddeutschen Steinwerken, in: Der Burgwart, 23/1922, Nr. 1 und 2
Boese, F., Niedersächsische Bauernburgen und Steinwerke, in: Zeitschrift f. Bauwesen, 77/1927, Berlin
Brackmann, A., Die Ostpolitik Otto des Großen, in: Historische Zeitschrift 134/1926
Brückner, A., Die slawischen Ansiedlungen in der Altmark und und im Magdeburgischen, Leipzig 1879

LITERATURVERZEICHNIS

Brüske, W., Untersuchungen zur Geschichte des Luitizenbundes - Deutschwendische Beziehungen des 10.-12. Jahrhunderts, in: Mitteldeutsche Forschungen 8/1955, Münster

Büttner-Steglitz, G., Die märkische Dorfkirche, Berlin 1906

Cohausen, A. v., Die Mauerverbände an alten Bauwerken des Rheinlandes, in: Zeitschrift f. Bauwesen, Jg.37, 1887

Cohausen, A.,v., Die Befestigungsweisen der Vorzeit und des Mittelalters, hrsg.v. Max Jahn, Wiesbaden 1898

Conrad, H., Geschichte der deutschen Wehrverfassung, Bd. 1, München 1939

Daume, G., Die Einführung des Christentums in den nordöstlichen Teil der Altmark, Seehausen 1925

Deckert, H., Die Dorfkirchen in Niedersachsen, in: Die Kunde, 8/1940, Nr.4, Hannover

Dehio, D., Handbuch der deutschen Kunstdenkmläler, Der Bezirk Magdeburg, Berlin 1974, bearb. v. d. Abt. Forschung des Instituts für Denkmalpflege

Delbrück, H., Geschichte der Kriegskunst im Rahmen der politischen Geschichte, 2. Das Mittelalter, 2. Aufl., Berlin 1923

Dietrichson, L., Munthe, H., Die Holzbaukunst Norwegens, Berlin 1893

Dohmann, A., Deutsche Kunstdenkmäler. Ein Bildhandbuch, Bezirke Halle - Magdeburg, Ed. Leipzig (1968)

Ebhardt, B., Deutsche Burgen als Zeugen deutscher Geschichte, Berlin 1925

Ebhardt, B., Der Wehrbau Europas im Mittelalter, Berlin 1939

Effmann, W., Mittelalterliche Speicherbauten im Münsterlande, in: Deutsche Bauzeitung 1888

Egger, R., Vom Ursprung der romanischen Chorturmkirche, in: Wiener Jahreshefte, Wien 23/1940

Ehl, H., Nordeutsche Feldsteinkirchen, Braunschweig/Hamburg 1926

Eimer, M., Die romanischen Chorturmkirchen in Süd- und Mitteldeutschland, Tübingen 1935

Eimer, M., Entwicklung und Gestaltung der deutschen Dorfkirchtürme im Mittelalter, in: Zeitschrift f. Württembergische Landesgeschichte, 2/1938

Enzelt, Altmärkische Chronik, Veröffentlichung des Vereins f. Geschichte d. Mark Brandenburg, 10/ 1910

Epperlein, S., Bauernbedrückung und Bauernwiderstand im hohen Mittelalter. Zur Erforschung der Ursachen bäuerlicher Abwanderung nach Osten im 12. und 13. Jahrhundert, vorwiegend nach den Urkunden geistlicher Grundherrschaften, Berlin 1960 (Forschungen zur mittelalterlichen Geschichte 6)

Erffa, W., Die Dorfkirche als Wehrbau, Stuttgart 1937

Friedrich, K., Die Steinbearbeitung in ihrer Entwicklung vom 11.-18. Jahrhundert, Augsburg 1932

Fuchs, A., Die karolingischen Westwerke, Paderborn, 1929

Fuchs, A., Entstehung und Zweckbestimmung der Westwerke, in: Westfälische Zeitschrift, 100/1950

Fuchs, A., Zum Problem der Westwerke, in: Karolinigische und ottonische Kunst, Wiesbaden 1957

Funkenberg, A., Haus und Hof im nordischen Raum, hrsg. i. Auftrage der Nordischen Gesellschaft,Leipzig 1937

Gall, E., Zur Frage der Westwerke, in: Jahrbuch des Römisch-Germanischen Nationalmuseums I/ 1954

Graf, H. Der mittelalterliche Dorfkirchhof als Ort der Wehr und des Gerichts, in: Abhandlungen d. Saar-pfälzischen Landes- und Volksforschung, Kaiserslautern 1937

Graus, F., Deutsche und slawische Verfassungsgeschichte, in: Historische Zeitschrift 197/1963, H.2

Grimm, P., Die vor- und frühgeschichtliche Besiedelung des Unterharzes und seines Vorlandes auf Grund der Bodenfunde, Halle 1930

Grimm, P., Die vor- und frühgeschichtlichen Burgwälle der Bezirke Halle und Magdeburg, Berlin 1958

Grimm, P., Stand und Aufgaben der archäologischen Pfalzenforschung in den Bezirken Halle und Magdeburg, Ber-

lin 1961
Gruber, O., Deutsche Bauern- und Ackerbürgerhäuser. Eine bautechnische Quellenforschung zur Geschichte des deutschen Hauses, Karlsruhe 1926
Harmjanz, H., Frühaskanische Landnahme im brandenburger Havelland, in: Volksforschung, Beilage z. Zeitschrift f. Volkskunde, Bd. 2, Berlin 1942
Hauck, A., Kirchengeschichte Deutschlands, 8. Aufl. Bd. I-IV, Berlin/Leipzig 1954
Heine, H.W., Frühe Burgen und Pfalzen in Niedersachsen, 1991
Herrmann, J., Die Slawen in Deutschland. Ein Handbuch, Hrsg. v. J. Herrmann, Berlin 1970
Höfer, P., Der Königshof Bodfeld im Harz, in: Zeitschrift des Harz-Vereins, 45/1912
Holtz, G., Kirchen auf dem Lande (Dorfkirchen in Mecklenburg), Berlin 1955
Holtzinger, W., Romanische Turmkapellen in Westtürmen überwiegend ländlicher Kirchen im südlichen Teil des alten Erzbistums Köln, Diss. Aachen 1962
Holtzmann, R., Geschichte der deutschen Kaiserzeit, 3. Aufl., München 1955
Ide, A., Die Steinwerke der Stadt Osnabrück, Osnabrück 1939
Jantzen, G., Ottonische Kunst, München 1947
Kahl, H.-D., Heidnisches Wendentum und christliche Stammesfürsten (Ein Blick in die Auseinandersetzung zwischen Gentil- und Universalreligion im abendländischen Hochmittelalter), in: Archiv f. Kulturgeschichte, Köln/Graz 44/ 1962, H.1
Kahl, H.-D., Slawen und Deutsche in der brandenburgischen Geschichte des 12. Jahrhunderts, Köln/Graz 1964
Karlinger, H., Befestigte Friedhöfe in Franken, in: Der Burgwart 17/1916, Nr.1
Kieslinger, A., Zur Geschichte der Steinverwendung, in: Deutsche Kunst und Denkmalpflege, H.1/2 1936
Klengel, A., Die sächsischen Wehrkirchen, in: Der Burgwart 20/1919
Körner, F., Die kirchliche Verwaltungsgliederung Mitteldeutschlands im Mittelalter und ihre Auswertung für die Geschichte der Kulturlandschaften, in: Petermanns Geographische Mitteilungen 98/1954
Kunze, H., Die kirchliche Reformbewegung des 12. Jahrhunderts im Gebiet der mittleren Elbe, in: Zeitschrift der Historischen Kommission in der Provinz Sachsen und Anhalt, Magdeburg 1925, Bd.1
Kupka, P., Zur Geschichte des Kreises Stendal, Stendal 1935 und 1938
Lauburg, W., Die Siedlungen der Altmark, Diss. Halle 1914
Legner, A., Deutsche Kunst der Romanik, 1982
Lehmann, E., Betrachtungen über Ursprung und Zusammenhang von Westwerk und Westquerschiff, in: Sitzungsbericht der Kunstgeschichtlichen Gesellschaft, Berlin Okt. 1935-Mai 1936
Lehmann, E., Zur Deutung des karolingischen Westwerks, in: Forschungen und Fortschritte 37/1963
Liebrich, W., Wehrhafte Kirchen in Sachsen, Diss. Dresden 1926
Loertscher, G., Die romanische Stiftskirche von Schönenwerd, in: Baseler Studien zur Kunstgeschichte, Bd. V, Basel 1952, Hrsg. v. J.Gantner
Meixner, L., Deutsche Bauernhausforschung, in: Germanische Philologie, Festschrift f. Otto Behaghel, Heidelberg 1934
Mettler, A., Zum Ursprung der doppeltürmigen Westfassade der mittelalterlichen Basiliken, in: Zeitschrift für Geschichte der Architektur 7/1913
Mielke, R., Die Dorfkirche in der Mark, in: Brandeburgis, Jg. III/IV,1894/95

Mielke, R., Die kirchlichen Wehrtürme im nordwestlichen Brandenburg, in: Der Burgwart 3/ 1901, Nr.3
Mielke, R., Das deutsche Dorf, in: Aus Natur und Geisteswelt 192/1908 Leipzig
Mielke, R., Unsere Dorfkirche, in: Bücher der Kirche, hsrg. v. Th. Scheffer, Wittenberg 1913
Möbius, F., Westwerkstudien, Jena 1968
Möbius, F., Romanische Kunst, Berlin/Wien/München, 1969
Mrusek, H.-J., Bautechnische Einzelheiten in der mittelalterlichen Baukunst... ,in: Wissenschaftliche Zeitschrift der Martin-Luther-Universität Halle/Wittenberg 1957
Mrusek, H.-J., Gestalt und Funktion der Eigenbefestigung, Habil.Schrift (Man.), Halle 1958
Mrusek, H.-J., Die Stellung der Kemenate in Pfalzen und Burgen (Man.),Vortrag 1969
Müller, Th., Ostfälische Landeskunde, Braunschweig 1952
Ohle, R., Die Besiedlung der Uckermark und die Geschichte ihrer Dorfkirchen, in: Mitteilungen des Uckermärkischen Museums und Geschichtsvereins zu Prenzlau, Bd.V, H.2, Prenzlau 1913
Pehla, H.-K., Wohnturm und Bergfried im Mittelalter, Aachen 1 974
Peßler, W., Das altsächsische Bauernhaus in der Rheinprovinz, in: Zeitschrift des Vereins f. rheinische und westfälische Volkskunde, 3/1906
Peßler, W., Das deutsche Bauernhaus - Handbuch der deutschen Volkskunde, Bd. 3, Potsdam 1936
Peters, O., Der Turmhof in Magdeburg-Rothensee, in: Magdeburger Geschichtsblätter, 1918
Piper, O., Zur Bestimmung der Bauzeit aus der Mauertechnik, in: Zentralblatt der Bauverwaltung 19/1899
Radig, W., Frühformen der Hausentwicklung in Deutschland, Berlin 1958
Rippel, J. K., Die Entwicklung der Kulturlandschaft am nordwestlichen Harzrand, Hannover 1958
Scharfe, S., Deutsche Dorfkirchen, Königstein i.T. u. Leipzig 1938
Scheja, G., Die romanische Baukunst in der Mark Brandenburg, Diss. Gütersloh 1939
Schmeidler, B., Niedersachsen und das deutsche Königtum vom 10.-12. Jahrhundert, in: Niedersächsisches Jahrbuch, Bd.4 1927
Schmid, H. F., Das Recht der Gründung und Ausstattung von Kirchen im kolonialen Teile der Magdeburger Kirchenprovinz während des Mittelalters, in: Zeitschrift der Savigny-Stiftung f. Rechtsgeschichte, 44.Bd, LVIII Band d. Zeitschrift für Rechtsgeschichte/Kanonistische Abteilung XIII, Weimar 1924
Schmidt, A., Westwerke und Doppelchöre. Höfische und liturgische Einflüsse auf die Kirchenbauten des frühen Mittelalters, Diss. Göttingen 1950
Schlesinger, W., Kirchengeschichte Sachsens im Mittelalter, 1. Bd. Von den Anfängen kirchlicher Verkündigung bis zum Ende des Investiturstreites, 2.Bd. Das Zeitalter der deutschen Ostsiedlung 1100 - 1300, 2. Aufl. Köln 1983
Schönermark, S., Mittelalterliche Mauerwerksausführung und Fugenbehandlung, in: Centralblatt der Bauverwaltung, 5/1885
Scholke, H., Der sakrale Breitturm, ein Ausdruck der feudalen Macht- und Klassenkämpfe, Diss. Halle 1972 (Man.)
Scholke, H., Romanische Architektur am Harz, Leipzig 1987
Schrader, E., Das Befestigungsrecht in Deutschland von den Anfängen bis zum Beginn des 14. Jahrhunderts, Diss. Göttingen 1909
Schuchhardt, K., Ursprung und Wanderung des Wohnturmes, in: Sitzungsberichte der Preußischen Akademie der Wissenschaften, Phil.-Hist, Kl. 33/1929

Schulze, H.K, Die Besiedelung der Altmark, in: Mitteldeutsche Forschungen 74/1, Festschrift f. Walter Schlesinger, Bd. 1, Köln/Wien 1963

Schulze, H.K., Adelsherrschaft und Landesherrschaft, in: Mitteldeutsche Forschungen,29)1963, Köln/Graz

Seeliger, E. A., Kirchen und Klöster als Wehrbauten, in: Zittauer Geschichtsblätter, 8/ 1931

Schulze, J., Der Wendenkreuzzug 1147 und die Adelsherrschaften in Prignitz und Rhingebiet, in: Jahrbuch für die Geschichte Mittel- und Ostdeutschlands 2/1953

Schütz, B., Die Kirchen der Kaiser, Bischöfe und Klöster zwischen Rhein und Elbe, Freiburg/Br./Basel /Wien 1990

Sellin, G., Burchhard II. von Halberstadt- 1060-1088, München/Leipzig 1914

Sieber, H., Burgen in Mitteldeutschland, Frankfurt/M. 1958

Soehner, H., Geschichte des Westeinturmes im Abendland (Von den Anfängen bis zum Ende der romanischen Periode), Diss. München 1944

Stengel, E. E., Über Ursprung, Zweck und Bedeutung der karolingischen Westwerke, in: Festschrift Adolf Hofmeister, Halle 1955

Stiehl, O., Der Wohnbau des Mittelalters, Leipzig 1908

Stolberg, F., Befestigungsanlagen in und am Harz von der Frühgeschichte bis zur Neuzeit, Hildesheim 1968

Stutz, U., Die Eigenkirche als Element des mittelalterlich-germanischen Kirchenrechts, Darmstadt 1955

Täger, F., Die Altmark, Dresden (1960)

Thröne, F., Romanische Kirchen im Landkreis Wolfenbüttel, Wolfenbüttel 1957 (Sonderdruck aus dem Heimatkalender für den Landkreis Wolfenbüttel 1957)

Thümmler, H., Die Stiftskirche zu Cappel und die Westwerke Westfalens, Münster 1937

Thümmler, H., Die frühromanische Baukunst in Westfalen, in: Westfalen 27/1948, H.3

Thümmler, H., Die karolingische Baukunst in Westfalen, in: Karolingische und ottonische Kunst. Werden-Wesen-Wirkung, Wiesbaden 1957

Tillmann, C., Lexikon der deutschen Burgen und Schlösser, Stuttgart 1959

Timm, A., Studien zur Siedlungs- und Agrargeschichte Mitteldeutschlands, Köln/Graz 1956

Timm, A., Wohnturm, Bergfried, Spiker, Kirchturm, in: Harz-Zeitschrift 1956

Unger, M., Bernhard von Clairvaux und der Slawenkreuzzug 1147, in: Zeitschrift für Geschichtswissenschaft I/1959

Wäscher, H., Die ältesten Profanbauten in Sachsen-Anhalt, in: Natur und Heimat, H.9 1952

Wäscher, H., Feudalburgen in der Magdeburger Börde, mit einer historischen Einleitung v. E. Voigt. Schriftenreihe der Staatlichen Moritzburg Halle, Halle 1959, H.17

Wäscher, H., Feudalburgen in den Bezirken Halle-Magdeburg, Halle 1962

Weber, M., Wehrhafte Kirchen in Thüringen, Diss. Stadtroda 1932

Wäscher, H., Die Burgen Mitteldeutschlands im Spiegel der Forschung, Halle 1955

Wand, N., Das Dorf zur Salierzeit, 1991

Wendland, W., Die Christianisierung der Mark Brandenburg, in: Heliand, Berlin 1935

Wentz, G., Die Kirche in der Altmark, Prignitz und Havelland in voraskanischer Zeit, in: Brandenburgisches Jahrbuch 4/1936

Wilbrand, Befestigte Zufluchtsörter auf Bauernhöfen, in: Jahresbericht des Historischen Vereins für die Grafschaft

Ravensburg, 1900
Wiedenau, A., Katalog der romanischen Wohnbauten in westdeutschen Städten und Siedlungen, 1984
Wollesen, E., Beiträge zur Geschichte des Kreises Osterburg, T.1, 2. Aufl. Osterburg 1937, T.2, 2. Aufl., 1938, Tl.3, 1908, Tl.4, 1910, Tl.5, 1913
Wollesen, E., Zur Christianisierung der Altmark, in: Zeitschrift des Vereins für Kirchengeschichte der Provinz Sachsen, Jg. 24, H. 1, Magdeburg 1928
Zahn, W., Die romanischen Bau- und Kunstdenkmale der Altmark, in: 28. Jahresbericht des Altmärkischen Vereins für Altertumskunde, Magdeburg 1901
Zahn, W., Die altmärkischen Dorfkirchen und ihre Geistlichen im Mittelalter, in: 34. Jahresbericht des Altmärkischen Vereins für Altertumskunde, Magdeburg 1907
–, Glossarium Artis, 1.Bd. Burgen und Feste Plätze. Der Wehrbau vor Einführung der Feuerwaffen, 2.Aufl. 1977

INVENTARE:
Die Kunstdenkmale des Kreises Osterburg, bearbeitet von E. Haetge, Burg 1938
Die Kunstdenkmale des Landkreises Stendal, bearbeitet von Hossfeld/Haetge, Burg 1933
Die Kunstdenkmale des Kreises Haldensleben, bearbeitet von M.-L. Harksen, Leipzig 1961

Inhalt

Hof und ADELS ALMANACH
AUF DAS JAHR 1993

Herausgegeben von Hanns H. F. Schmidt

ISBN 3-928703-08-0
14,80 DM

Hanns H. F. Schmidt hat als Herausgeber historische und eigene Texte zur Kulturgeschichte des Hof- und Landadels zu einem unterhaltsamen und vergnüglichen Lesekalender zusammengestellt. Die zahlreichen Beiträge betreffen die Königreiche Preußen, Hannover und Sachsen, die Großherzogtümer Mecklenburg-Schwerin und Sachsen (Weimar-Eisenach), die Herzogtümer Anhalt, Braunschweig und Lüneburg, Sachsen-Altenburg, Sachsen-Coburg-Gotha, die Fürstentümer Reuß, Schwarzburg-Rudolstadt und Schwarzburg-Sondershausen.
Im Kalendarium werden historische Uniformen vorgestellt. Lyrik von und über den Adel, Auszüge aus Briefen, Memoiren und Urkunden gehören zum Mosaik.

Inhalt: J.W.von Goethe: Laßt fahren hin, Kalendarium (mit Epigrammen von Goethe), Emil von Schönaich-Carolath: Daheim, Jakob und Wilhelm Grimm: Wie Ludwig die Wartburg bekam, Fanny Lewald und Carl Alexander von Sachsen-Weimer, Keramik aus Bürgel, Theodor Fontane: Guter Rat, A.L.J. Michelsen: Die ältesten Wappenschilde der Landgrafen von Thüringen ..., Bertha von Kröcher: Aus dem Garten meiner Kindheit, Joseph von Eichendorff: Der alte Garten, Beschreibung des Hoffestes in Herrenhausen am 21. September 1861, Felix Weber: Das Hoftafelzeremoniell sonst und jetzt, A. von Sternberg: Am Hofe Friedrich Wilhelm IV. , Theodor Fontane: Hoffest, Ernst II. von Sachsen-Coburg-Gotha: Affentheater, Schmidt: Kaiser Wilhelm II. in der Eiskonditorei-Kunst, Aurora von Königsmarck: Karneval in Hannover, unbekannt: Warum die preiswürdigste Dame ... , Sophie Elisabeth von Braunschweig-Lüneburg: Sonett .., Zur Goldenen Hochzeit Friedrich des Großen, Feierliche Ausstellung der Leiche der Königin Luise von Preußen Theodor Mommsen: Königin Luise, Detlev von Liliencron: Auf dem Kirchhof, Der klagende Trauerwald der Familie von Alvensleben, G.R.Weckherlin: Kartel des ehr-werbenden jungen teutschen Adels, Freiherr von Eelking: Der Herr in Grau, Fr. Syben: Bedenkenswert, Heinrich Klemm: Die Livree, Maskenfest im Palais des Kronprinzen Friedrich, Diner zum 90. Geburtstag von Helmuth von Moltke, H. von Moltke: Harzreise in Briefen an seine Braut, Eleonore von Reuß-Köstritz: Jahreswende, Ortsregister, Namensregister

Bücher aus dem dr. ziethen verlag